土木・環境系コアテキストシリーズ D-1

水 理 学

竹原 幸生 著

コロナ社

土木・環境系コアテキストシリーズ
編集委員会

編集委員長

Ph.D. 日下部 治 （東京工業大学）

〔C：地盤工学分野 担当〕

編集委員

工学博士 依田 照彦 （早稲田大学）

〔B：土木材料・構造工学分野 担当〕

工学博士 道奥 康治 （神戸大学）

〔D：水工・水理学分野 担当〕

工学博士 小林 潔司 （京都大学）

〔E：土木計画学・交通工学分野 担当〕

工学博士 山本 和夫 （東京大学）

〔F：環境システム分野 担当〕

2011 年 3 月現在

刊行のことば

　このたび，新たに土木・環境系の教科書シリーズを刊行することになった．シリーズ名称は，必要不可欠な内容を含む標準的な大学の教科書作りを目指すとの編集方針を表現する意図で「土木・環境系コアテキストシリーズ」とした．本シリーズの読者対象は，我が国の大学の学部生レベルを想定しているが，高等専門学校における土木・環境系の専門教育にも使用していただけるものとなっている．

　本シリーズは，日本技術者教育認定機構（JABEE）の土木・環境系の認定基準を参考にして以下の6分野で構成され，学部教育カリキュラムを構成している科目をほぼ網羅できるように全29巻の刊行を予定している．

　　　A 分野：共通・基礎科目分野
　　　B 分野：土木材料・構造工学分野
　　　C 分野：地盤工学分野
　　　D 分野：水工・水理学分野
　　　E 分野：土木計画学・交通工学分野
　　　F 分野：環境システム分野

　なお，今後，土木・環境分野の技術や教育体系の変化に伴うご要望などに応えて書目を追加する場合もある．

　また，各教科書の構成内容および分量は，JABEE認定基準に沿って半期2単位，15週間の90分授業を想定し，自己学習支援のための演習問題も各章に配置している．

　従来の土木系教科書シリーズの教科書構成と比較すると，本シリーズは，A

分野（共通・基礎科目分野）にJABEE認定基準にある技術者倫理や国際人英語等を加えて共通・基礎科目分野を充実させ，B分野（土木材料・構造工学分野），C分野（地盤工学分野），D分野（水工・水理学分野）の主要力学3分野の最近の学問的進展を反映させるとともに，地球環境時代に対応するためE分野（土木計画学・交通工学分野）およびF分野（環境システム分野）においては，社会システムも含めたシステム関連の新分野を大幅に充実させているのが特徴である。

　科学技術分野の学問内容は，時代とともにつねに深化と拡大を遂げる。その深化と拡大する内容を，社会的要請を反映しつつ高等教育機関において一定期間内で効率的に教授するには，周期的に教育項目の取捨選択と教育順序の再構成，教育手法の改革が必要となり，それを可能とする良い教科書作りが必要となる。とは言え，教科書内容が短期間で変更を繰り返すことも教育現場を混乱させ望ましくはない。そこで本シリーズでは，各巻の基本となる内容はしっかりと押さえたうえで，将来的な方向性も見据えた執筆・編集方針とし，時流にあわせた発行を継続するため，教育・研究の第一線で現在活躍している新進気鋭の比較的若い先生方を執筆者としておもに選び，執筆をお願いしている。

　「土木・環境系コアテキストシリーズ」が，多くの土木・環境系の学科で採用され，将来の社会基盤整備や環境にかかわる有為な人材育成に貢献できることを編集者一同願っている。

2011年2月

編集委員長　日下部　治

まえがき

　水は人間の生命を維持していく上では必要不可欠なものであると同時に，ときには河川の氾濫や津波などのような自然の猛威として人々の暮らしを脅かすものにもなり得る。水をいかに制御し，また有効に利用できるようにしていくかは太古からの人間の課題である。

　「水理学」では水のさまざまな挙動を物理的に説明し，与えられた条件に対して水の挙動を予測することができるように，水の基礎的な動力学を理解することを目的としている。人々が快適に，かつ安全に生活できるように水理学の知識が活用されることが最終目的であり，水に関連する河川工学，海岸・港湾工学，衛生工学などの水工学分野において必要となる動力学的な基礎知識が水理学である。

　さらに，近年環境問題の一つである生物多様性の問題に関しても，水の流れに関する知識は必要不可欠である。例えば，魚類，水生昆虫やプランクトンのような水中生物や干潟などに生息する生物にとっても，水の流れは重要である。また，汚染物質の移流や拡散などの問題には流れが大きく影響を及ぼし，水域の水質を規定する重要な要因の一つでもある。

　このように，水理学が関連する分野は広く，社会基盤の整備から水域の環境を考える上で水理学の知識が必要となってくる。

　水の運動を取り扱うとき，質点系の力学とは違い，水自体を連続体として扱う必要がある。また水の特徴の一つに，自由に形状を変化できる点がある。例えば，水は容器によってさまざまに形状を変化させることができ，剛体運動とも違った視点が必要となる。このような特徴を持つ水の挙動を動力学的に記述

まえがき

するには，これまでと違った視点が必要となる。つまり，水は流体の一種であり，流体力学に基づいた考え方も必要となってくる。しかし，水理学で用いる動力学の基本的な部分は高校までの物理学で学んだ知識で十分に理解できるものであり，本書では極力その点を重視して執筆した。

あくまで本書は水理学の入門書という位置づけとして執筆されており，特に高専や大学で初めて水理学を学ぶ学生を対象としている。そのため，本書では基本的な項目に重点をおいて執筆したつもりであり，深く掘り下げた議論は避けている部分もあるが，河川工学，海岸工学などの水工学関連分野へ進んでいく上で必要な内容は網羅されている。また，本書を通して水理学に興味を持たれた方は，さらに詳しい水理学の教科書に進んでいただき，水理学の奥の深さ，面白さも理解していただければ幸いである。

最後に，本書を執筆する機会を与えてくださった道奥康治先生（神戸大学）には心よりお礼を申し上げるとともに，著者の遅筆のため多大なるご迷惑をおかけしたことをお詫び申し上げたい。また，江藤剛治先生（近畿大学名誉教授），高野保英先生（近畿大学）には水理学の講義および演習において多くのご指導，ご意見をいただき，本書を執筆するにあたってたいへんな参考となったことに深甚なる謝意を表したい。また，コロナ社の方々には著者の遅筆のためにご迷惑をおかけしたにもかかわらず，多大のご支援をいただいたことに心より謝意を表したい。

 2012 年 8 月

竹原 幸生

目　次

1章　序　　論

1.1　水理学が関連する分野　*2*
    1.1.1　河川の整備と管理における水理学の役割　*2*
    1.1.2　港湾整備と海岸保全における水理学の役割　*4*
    1.1.3　上下水道の整備における水理学の役割　*5*
    1.1.4　その他の工学分野と水理学の関連　*6*
1.2　水の物理的な性質　*6*
    1.2.1　単　位　系　*6*
    1.2.2　密度・単位体積重量・比重, 粘性, 表面張力, 圧縮性　*8*
    1.2.3　圧力とせん断応力　*14*
演習問題　*16*

2章　流体の力学

2.1　静水の力学　*18*
    2.1.1　静　水　圧　*18*
    2.1.2　平面に働く静水圧　*19*
    2.1.3　曲面に働く静水圧　*26*
    2.1.4　アルキメデスの原理と浮体の安定　*30*
    2.1.5　差　圧　計　*34*

2.2 流水の力学　35
　　2.2.1 流体運動の分類　36
　　2.2.2 水運動の記述法　38
　　2.2.3 質量保存則と連続の式　40
　　2.2.4 運動方程式　43
　　2.2.5 速度ポテンシャルと流れ関数　53
　　2.2.6 粘性流体の力学　58
　　2.2.7 エネルギー保存則とベルヌーイの定理　64
　　2.2.8 運動量の定理　67
演習問題　70

3章　管路流

3.1 管路定常流の基本的事項　73
　　3.1.1 管路定常流におけるベルヌーイの定理　73
　　3.1.2 管路定常流における連続の式　74
3.2 摩擦によるエネルギー損失　75
3.3 管形状によるエネルギー損失　84
　　3.3.1 管形状によるエネルギー損失の種類　84
　　3.3.2 急拡損失水頭および出口損失水頭　85
　　3.3.3 急縮損失水頭および入口損失水頭　87
　　3.3.4 曲がり損失水頭　88
　　3.3.5 漸拡損失水頭および漸縮損失水頭　89
　　3.3.6 バルブによる損失水頭　89
　　3.3.7 その他の損失水頭　90
　　3.3.8 単線管路　90
3.4 複雑な管路　96
　　3.4.1 タービンおよびポンプ　96
　　3.4.2 サイフォン　97
　　3.4.3 ベンチュリーメータ　99

         3.4.4　分岐管・合流管　　100
         3.4.5　管　網　計　算　　104
    演　習　問　題　109

4章　開　水　路　流

    4.1　開水路流の基本的事項　　113
         4.1.1　開水路流におけるエネルギー保存則　　113
         4.1.2　常流・射流・限界流　　114
         4.1.3　跳　水　現　象　　118
    4.2　開水路の等流・不等流　　121
         4.2.1　開水路等流の平均流速公式　　121
         4.2.2　等流水深と限界勾配　　123
         4.2.3　水　理　特　性　曲　線　　126
         4.2.4　水理学的に有利な断面　　127
         4.2.5　開水路不等流と水面形の分類　　129
         4.2.6　ダム越流部の流れ　　136
    4.3　開水路非定常流　　138
         4.3.1　開水路非定常流の基礎式　　138
         4.3.2　段　波　の　伝　播　　140
         4.3.3　洪　水　流　の　伝　播　　144
    4.4　オリフィスおよびせきの越流　　145
         4.4.1　オリフィスと流量公式　　145
         4.4.2　刃形ぜきと流量係数　　150
    演　習　問　題　154

5章　次元解析と相似則

    5.1　水理学における模型実験　　158
    5.2　次　元　解　析　　159
         5.2.1　次元解析の原理　　159

　　　　5.2.2　レイリーの次元解析法　*159*
　　　　5.2.3　バッキンガムのπ定理　*161*
　　5.3　模型実験と相似則　*163*
　　　　5.3.1　水理学における模型実験の相似則　*163*
　　　　5.3.2　レイノルズの相似則　*165*
　　　　5.3.3　フルードの相似則　*166*
　　演習問題　*169*

引用・参考文献　*171*
演習問題解答　*172*
索　　　引　*191*

1章 序論

◆ 本章のテーマ

　水理学を学ぶにあたり，水理学で学ぶことがどのような分野で必要とされているかを理解し，関連する科目との関係を示す。特に人々の生活を支える社会基盤における治水のための河川整備および港湾整備や衛生的な生活を送るための上下水道の整備は重要な技術であり，水理学はその基礎的な知識を提供する。また，水理学を学ぶ上で必要となる水の物理的な性質や単位系について学習する。

◆ 本章の構成（キーワード）

1.1　水理学が関連する分野
　　　河川の整備，港湾整備と海岸保全，上下水道の整備
1.2　水の物理的な性質
　　　単位系，密度，単位体積重量，粘性，表面張力，せん断応力

◆ 本章を学ぶと以下の内容をマスターできます

- ☞ 水理学の果たす役割
- ☞ 水理学に関連する科目
- ☞ 水理学で用いる単位系
- ☞ 水の物理的な性質

1.1 水理学が関連する分野

これから学んでいく水理学がどのような分野で必要とされているかを理解しておく必要がある。本節では水理学が各分野とどのように関係しているかを概説する。

1.1.1 河川の整備と管理における水理学の役割

人々の安心で快適な生活を支える社会基盤工学を考える上では，川や海など自然界での水の挙動を理解する必要がある。陸地に降った雨や雪などの水の一部が河川となって地表を流れて，最終的には海に至る。河川は飲料水，農業用水，工業用水などの人間活動に必要な水をもたらす"恩恵の川"であるとともに，大雨による堤防の決壊による水害などのように"災いの川"になるときもある。また，河川は自然環境を楽しめる空間としての価値をもたらし，人間生活に潤いを与える空間として"癒しの川"としての価値も高まってきている。河川整備においては，河川からの恩恵を効率的に，しかも自然環境に負荷をかけずに引き出し，かつ，河川災害から人命，財産を守ることが必要とされる。

河川を整備，管理するためにさまざまな施設があり，それらを設計，維持していく上で必要な基礎的な力学を水理学で学ぶ。例えば，ダムに関しては流域に降った雨を一旦ためて下流の洪水を調節する治水目的のダムや，用水の取水や発電などの利水目的のダムがある。図 1.1 は天ヶ瀬ダムの写真である。1964年に宇治川に建設された多目的ダムであり，高さ 73 m，長さ 254 m のアーチ式コンクリートダムである。宇治川，淀川の洪水調整のほか上水道供給や水力発電等にも使用されている。

せき止められた川の水はダム背面にダム湖を形成し，ダム本体はその湖の巨大な水圧を支えなくてはならない。この水圧も水理学の中で学習する項目であり，ダムの容量，ダムを設置する場所の地形，地質などによってダムの形式を決定し，水圧に耐え得るダムを設計しなければならない。

河川が増水したときに河川から水があふれ出ないために築かれている堤防や

1.1 水理学が関連する分野

図1.1　天ヶ瀬ダム（京都府）

図1.2　多自然型河川の例（竜田川，奈良県斑鳩町）

河川の機能をより高めるための河川形状などを決めるには，水の流れをよく理解する必要がある。流れによって堤防や河床は圧力や摩擦力を受け，河岸の侵食や河床での土砂の堆積が生じる。どのような流れのときにどのような力を受けるかを予測，評価することが必要である。最近では，河川の自然環境の回復を目指して，多自然型川づくりが行われるようになり，植生や自然石などを使った河川改修が行われる。それらが洪水時に流れにどのような影響を与えるかを理解し，災害が生じないようにしなければならない。

　図1.2は，多自然型河川工法により瀬と淵が人工的に形成され，直線水路よりも自然に近い河道整備が行われた例である。河川環境を考える上では，単に治水機能のみを考えるばかりでなく，魚類などの水中生物の快適な生息環境を理解しなければならない。また，堰などによって流れが寸断されると水中生物の移動もそこで阻害されるため，生態系の連続性を持たせるために，水中生物の移動が可能な魚道の設置も必要となってくる。

　以上は河川工学と水理学の関係のごく一例にすぎない。さらに，河川での流れと土砂の移動や堆積，植生や水中生物の快適な生息環境と流れの関係など，さまざまな分野との関連性を考慮しながら幅広い視野を持って河川整備，管理に取り組まなければならない[1]〜[3]†。

---

　†　肩付き数字は巻末の引用・参考文献番号を表す。

1.1.2　港湾整備と海岸保全における水理学の役割

　日本は周囲を海に囲まれた島国であり，古くから海とは深いかかわりを持ってきた。また，人々の憩いの場所としても海岸を利用してきた。図1.3は鳴き砂で有名な琴引き浜の写真である。歩くたびに砂が鳴る"鳴き砂"を楽しみに毎年多くの観光客が訪れている。

図1.3　海岸に打ち寄せる波（琴引き浜，京都府）

　海岸には波が打ち寄せ，また流れが作用しており，海岸形状はつねに変化している。日本は頻繁に台風が襲来する地域であり，激しい波浪が海岸を襲う。海岸が浸食されれば，沿岸部に住む人々の安全が脅かされ，また沿岸施設は損害を被る。また，海洋で巨大地震が起これば津波が発生し，広範な沿岸域に甚大な被害をもたらす。このような災害から人命，財産を守るためには，海岸に作用する波や流れの特性を理解する必要がある。

　海岸に作用する外力で最も大きなものは波である。一般的に波は，外洋で風から海面を通して海洋にエネルギーが伝わることにより発生，発達する。波は，最終的には海岸近くで砕波することによってエネルギーを放出する。海岸は波のエネルギーを受け止めるダンパーのような役割を果たしている。水理学では波を予測，評価する上で必要な水面波やその下に生じる水の波動の基礎を学ぶ。特に，波動はポテンシャル流として扱うことができ，数学的に表すことができる。

　海岸域においては，波動だけでなく流れも共存する。砕波によって巻き上げられた浮遊砂は流れによって移動するため，沿岸流は海浜の形に大きな影響を及ぼす。砕波によってどのように海水が乱され，また底にある砂がどのような乱れにより巻き上げられるかを理解しなければならない。このような流れと砂の動きを理解する上で水理学の知識が必要になる。

港湾施設では，湾内を静穏に保つために防波堤が設けられる。防波堤には外海からの波浪を減少させる機能が必要であり，波から大きな力を受ける。

河川が海に流れ出る河口域でもさまざまな現象が生じる。河口域から水田への取水は，塩水の遡上を考慮して淡水のみを取水しなければならない。また，河口域では土砂により河口閉塞が引き起こされる場合があり，防災上問題が生じる場合がある。さらに，河口域に形成される干潟は生物の多様性を育む重要な空間であるが，このような干潟の形成，維持を考える上でも流れの仕組みを考えなければならない。

港湾工学や海岸工学においては，以上のほかにも水理学に関連する多くの事項があり，水理学の知識が要求される[4),5)]。

1.1.3 上下水道の整備における水理学の役割

上下水道はわれわれの日常生活を支える重要な施設である。人間の生命を維持するために必要な飲料水は上水道により各家庭に配水されている。通常，上水道は水源から水を引き，浄水場の沈殿池および濾過池で濁質を除去して殺菌した後，各家庭に給水される。濾過池においては，砂や礫などに原水を通して濁質を除去する。砂礫層のような多孔質体内の流れを理解することも重要である。処理された水は配水管，給水管を通して各家庭に給水されるが，蛇口から適切な水量が供給されるように設計するには，管内の流れの性質を十分理解しなければならない。

人間の活動により生じた汚水は，地下の下水管を通して処理施設まで運ばれて処理された後に排水される。日本における下水道普及率は処理人口に基づけば2009年度末で73.7％に達している。汚水を処理場に運ぶ過程や下水処理過程においても水理学の知識が必要とされる。

また，日本の大都市では降った雨の多くが下水道に流れ込む。近年，ゲリラ豪雨と呼ばれる設計時の想定を上回るような集中豪雨が生じるようになり，内水氾濫の原因となることがある。防災の観点も含めて下水道の整備を考えていく必要が生じている。

その他，上下水道工学や衛生工学に関するさまざまな問題が水理学と深く関連している[7],[8]。

1.1.4 その他の工学分野と水理学の関連

水理学が関連する他の分野の事例として地下水が挙げられる。地下水は地盤の透水層を流れており，浮遊物質等の汚濁物質が取り除かれる。以前は井戸を掘ることによって地下水を飲料水として用いてきた。1970年頃までの高度経済成長期においては，工業用水等として大量の地下水が汲み上げられて地下水位が低下し，地盤沈下などの問題が起こった。

その他，湖や貯水池などの閉鎖性水域の水質，水文学における流出解析，地すべりや土石流の発生などにも水理学の知識が必要となる[9]〜[11]。

1.2 水の物理的な性質

本節では，水理学を学ぶ上で必要となる水の物理量を示す。まず，物理量の単位系について概説し，水の代表的な物理量を説明する。

1.2.1 単 位 系

力学分野で用いられる単位系にはSI（The International System of Units，国際単位系）と工学単位系がある。SIは基本物理量として長さ（L），質量（M），時間（T）の次元を用いるL-M-T系であるのに対して，工学単位系は長さ（L），力（F），時間（T）の次元を用いるL-F-T系である。それらの基本物理量を組み合わせることにより，力やエネルギーなどのさまざまな物理量の次元が定義される。L-M-T系に関しては基本物理量としてcm（長さ），g（質量），s（sec（秒），時間）を用いるCGS単位系と，m（長さ），kg（質量），s（時間）を用いるMKS単位系がある。SIではMKS単位系が用いられる。工学単

位系である L-F-T の単位系では，m（長さ），kgf（力），s（時間）が用いられる。ここで，kgf は力を表す単位であり，質量 1 kg の物体が重力によって生じる力を 1 kgf と表す。これまで，工学分野では工学単位系が用いられてきたが，世界共通の単位系である SI の普及により現在では SI が広く用いられるようになっている。本書では，基本的に SI を用いて説明する。

上述のように，SI では基本物理量として長さ〔m〕，質量〔kg〕，時間〔s〕の組み合わせで種々の物理量の単位を表す。これらのうち，いくつかの物理量に対しては便宜上，特定の単位名称が使われる。例えば，力の単位を SI で表すと質量×加速度であるから，$kg \cdot m/s^2$ となる。この力の単位を N（ニュートン）と呼んでいる。ちなみに，CGS 単位系で力を表す場合，$g \cdot cm/s^2$ となり，dyn（ダイン）と呼ばれる。また，応力は単位面積あたりに作用する力であるから，N/m^2 となり，Pa（パスカル）と呼ばれる。

対象によって値が大きく異なり，桁数が大きくなったり，小さくなったりするため，有効数字に 10 のべき乗を乗じて示すことがある。利便性を考慮して，**表 1.1** のような単位の前につける接頭辞が用いられる。よく知られている例として，1 000（$=10^3$）倍は k（キロ）で表し，例えば 1 000 N = 1 kN となる。

表 1.1 接頭辞の例

桁数	接頭辞	呼び名	使用例
$1\,000\,000\,000\,000 = 10^{12}$	T	テラ	TN, TPa
$1\,000\,000\,000 = 10^{9}$	G	ギガ	GN, GPa
$1\,000\,000 = 10^{6}$	M	メガ	MN, MPa
$1\,000 = 10^{3}$	k	キロ	kN, kPa, kg, km
$100 = 10^{2}$	h	ヘクト	hPa
$0.01 = 10^{-2}$	c	センチ	cm
$0.001 = 10^{-3}$	m	ミリ	mm, mg
$0.000\,001 = 10^{-6}$	μ	マイクロ	μm, μg, μs
$0.000\,000\,001 = 10^{-9}$	n	ナノ	nm, ns
$0.000\,000\,000\,001 = 10^{-12}$	f	フェムト	fs

1.2.2　密度・単位体積重量・比重，粘性，表面張力，圧縮性

水理学で用いられる代表的な水の特性を表す物理量について説明する。

〔1〕**密度・単位体積重量・比重**　質量（mass）を考える場合，**密度**（density）が必要となる。密度とは単位体積あたりの質量であり，一般的に ρ で表され，水の密度を表す場合は他の物質と区別するために ρ_0 を用いる。図1.4に水の密度と温度の関係を示す。水の密度は1気圧の下，4℃で最大 $\rho_0 = 1.0 \times 10^3 \, \mathrm{kg/m^3}$（厳密には3.98℃で $0.99997 \times 10^3 \, \mathrm{kg/m^3}$）となる。温度変化による水の密度変化は小さく，20℃でも $\rho_0 = 0.9982 \times 10^3 \, \mathrm{kg/m^3}$ であり，一般の計算では水の密度として $\rho_0 = 1.0 \times 10^3 \, \mathrm{kg/m^3}$ が用いられる。

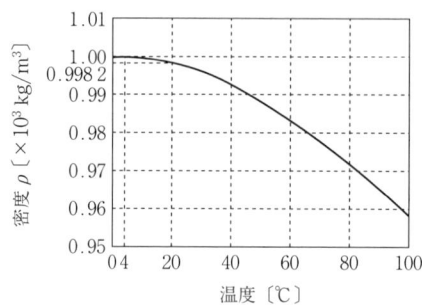

図1.4　水の密度と温度の関係[12]

単位体積重量（specific weight）は単位体積あたりの重量，つまり重力加速度によって生じる力であり，一般的に w で表される。密度の場合と同様に水の場合は w_0 で表す。よって，水の単位体積重量 w_0 は $w_0 = \rho_0 g$（g は重力加速度）となり，$\mathrm{N/m^3}$ の単位を持つ。水の単位体積重量は，$g = 9.8 \, \mathrm{m/s^2}$ とすると $w_0 = 1\,000 \, \mathrm{kg/m^3} \times 9.8 \, \mathrm{m/s^2} = 9.8 \, \mathrm{kN/m^3}$ となる。ちなみに，工学単位系では水の単位体積重量 w_0 は $1\,000 \, \mathrm{kgf/m^3}$ となる。

比重（specific gravity）は，4℃の水の単位体積重量に対する対象とする物

表1.2　代表的な液体の比重（20℃）[12]

液体	水	エチルアルコール	メチルアルコール	ベンゼン	グリセリン	水銀
比重	0.998	0.789	0.791	0.879	1.26	13.5

1.2 水の物理的な性質

質の単位体積重量の比である。**表1.2**に代表的な液体の温度20℃における比重を示す。

〔2〕**粘　　性**　流体の運動を考える上で重要な特性量として**粘性**（viscosity）が挙げられる。ほとんどの流体には粘性があり，隣接する流体各要素の速度差により，速い部分は遅い部分を引っ張り，遅い部分は速い部分を引きとめようとする。よって，粘性の影響によって流体各要素間に摩擦力，つまりせん断応力が生じる。本書で対象とする水は，粘性によって生じるせん断応力が流体要素間の速度の変化率，つまり速度勾配に比例する**ニュートン流体**（Newtonian fluid）として取り扱うことができる。

例として，**図1.5**に示すような2枚の広い平行な平板間に水が満たされており，下方の平板は静止し上方の平板が一定速度Uで運動している場合を考える。水は粘性の影響により，平板に接している部分は平板と一緒に動くため，静止している下方の平板では流速が0となり，上方の平板での流速はUとなる。この場合，水の流速分布は図に示されているように直線的な分布となる。平板間の距離をdとすると，この場合の速度勾配はU/dとなる。断面積Aの平板を力Fで動かしているため，平板の単位面積あたりに働くせん断応力は$\tau = F/A$となる。ニュートン流体の仮定により，せん断応力τと速度勾配の関係は以下の式で表される。

$$\tau = \frac{F}{A} = \mu \frac{U}{d} \tag{1.1}$$

ここで，μは比例定数であり，**粘性係数**（coefficient of viscosity）と呼ばれる。せん断応力τの単位は$Pa = N/m^2$，流速Uの単位はm/s，平板間の距離dの

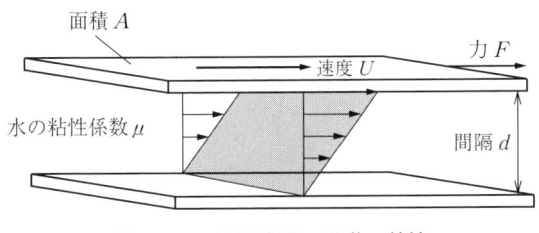

図1.5　2平行平板間の流体の粘性

単位は m なので，粘性係数 μ の単位は以下のようになる．

$$[\mu] = \left[\tau \frac{d}{U}\right] = \frac{N}{m^2} \times \frac{m}{m/s} = \frac{kg}{m \cdot s^2} \times s = \frac{kg}{m \cdot s}$$

または

$$[\mu] = \left[\tau \frac{d}{U}\right] = Pa \times \frac{m}{m/s} = Pa \cdot s$$

(1.2)

粘性係数は，流体によって決まる物性値であり，水の場合，20 ℃，1 atm で 1.009×10^{-3} Pa·s である．粘性係数は温度により**表 1.3** および**図 1.6** のように変化する．図表からわかるように，温度の上昇とともに水の粘性係数は減少する．

表 1.3 水の粘性係数と温度の関係[12]

温度〔℃〕	0	10	20	30	40	50	60	70	80	90
粘性係数 μ 〔$\times 10^{-3}$ Pa·s〕	1.792	1.307	1.002	0.797	0.653	0.548	0.467	0.404	0.355	0.315

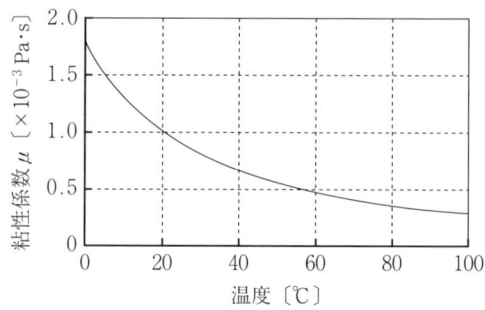

図 1.6 水の粘性係数と温度の関係

また，粘性係数 μ を密度 ρ で除した**動粘性係数**（kinematic viscosity）ν も用いられる．この場合，動粘性係数 ν の単位は以下のようになる．

$$[\nu] = \left[\frac{\mu}{\rho}\right] = \frac{\frac{kg}{m \cdot s}}{\frac{kg}{m^3}} = \frac{m^2}{s}$$

(1.3)

動粘性係数の単位は SI で m^2/s となるが，CGS 単位系の cm^2/s に対して〔St〕（ストークス）という単位名称がつけられており，この単位で表される場合も

1.2 水の物理的な性質

表1.4 代表的な液体の動粘性係数（25℃, 1気圧）[12]

液体	水	空気	エチルアルコール	ベンゼン	ひまし油
動粘性係数 ν 〔$\times 10^{-6}$ m^2/s〕	0.893	15.4	1.37	0.686	725

ある。**表1.4**に25℃, 1気圧での代表的な液体の動粘性係数を示す。

〔3〕**表面張力** 粘性係数と同様に重要な水の物性値として、**表面張力**（surface tension）Γ がある。微視的に水を見た場合、水分子にはたがいに分子間力が作用しており、特に水表面では気体と接している面より上に水分子が存在しておらず、水表面を小さくしようとする力が働く。この力が表面張力であり、表面の単位長さあたりの力で表される。SIではN/mとなるが、通常、CGS単位系であるdyn/cmで表されることが多い。代表的な液体の表面張力を**表1.5**に示す。表からわかるように、水の場合にはエチルアルコールやベンゼンなどの液体に比べて3倍程度表面張力が大きい。また、水銀は他の液体に比べて1桁大きな値となっている。水の表面張力は温度によっても大きく変化する。**図1.7**に水における温度と表面張力の関係を示す。

表1.5 代表的な液体の表面張力[12]

液体	水	エチルアルコール	ベンゼン	水銀
表面張力 Γ 〔dyn/cm〕	72.75	22.27	28.86	482.1

（注）水、エチルアルコール、ベンゼンは20℃、水銀は15℃での値。

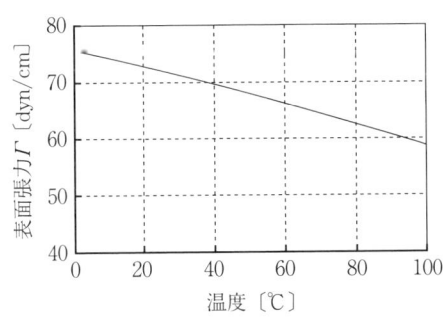

図1.7 水の表面張力と温度の関係

水中の水分子は周囲の水分子と分子間力によりたがいに引力を及ぼし合っている。水表面にある水分子は周囲に水分子がない領域がある分だけ，分子間力に使うエネルギーが余っており，水中の水分子よりもエネルギーが高い状態にある。よって，水中の水分子を水表面の水分子と置き換えるのに仕事量が必要となる。水表面 1 m² の水分子を置き換えるのに必要な仕事量は**表面自由エネルギー**（surface free energy）または**表面エネルギー**（surface energy）と呼ばれ，単位は J/m² となる。この単位をよく見ると

$$\frac{\mathrm{J}}{\mathrm{m}^2} = \frac{\mathrm{N} \cdot \mathrm{m}}{\mathrm{m}^2} = \frac{\mathrm{N}}{\mathrm{m}} \tag{1.4}$$

となり，表面張力と同じ単位になる。表面自由エネルギーと表面張力は物理的に同義である。

表面張力が影響する現象の例を挙げて説明する。図 1.8 に示すような細い円管を水に立てると，表面張力による毛管現象によって水面よりも水が上昇する。管の直径を D，接触角を θ，表面張力を T，毛管現象による水柱の上昇高さを h とすると，重力と表面張力のつり合いより次式が成り立つ。

$$\rho g \frac{\pi D^2}{4} h = \pi D T \cos\theta \tag{1.5}$$

この式より，毛管現象による水面上昇 h は表面張力 T により

$$h = \frac{4T\cos\theta}{\rho g D} \tag{1.6}$$

と表される。

表面張力の計測法の一例として円環法を説明する。円環法では白金のリングを液体の水面に浸した後に，リングを静かに引き上げ，液体がリングから離れるときの力を計測して表面張力を計測する。図 1.9 のようにリングが表面から引き上げられたとき，上に引き上げられる力と表面張力により下に引っ張られる力がつり合う。リングの直径を D とすると，力のつり合い式は以下のようになる。

$$F = 4\pi D T$$

1.2 水の物理的な性質

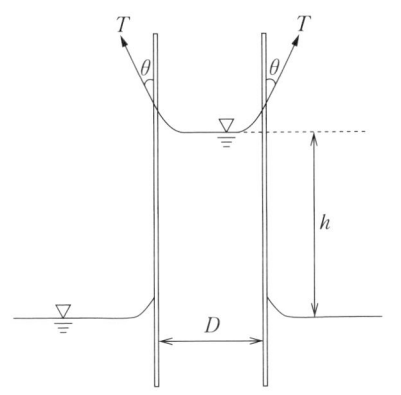

図1.8 表面張力による毛管現象

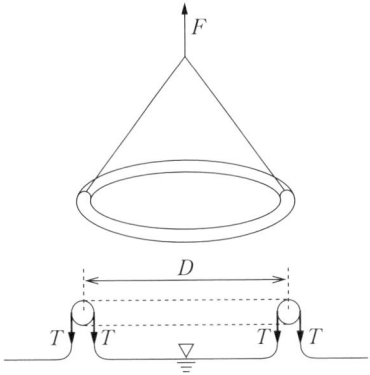

図1.9 円環法による表面張力の計測法

よって,表面張力は次式で求められる。

$$T = \frac{F}{4\pi D} \tag{1.7}$$

このほか,表面張力を測定する方法として,毛管上昇法,液滴法,懸滴法,垂直板法(ウィルヘルミー法)などがある[13]。

〔4〕**圧 縮 率**　液体の周囲から圧力を加えた場合に液体の体積が縮小し,加えた圧力を取り除けば元の体積に戻る性質を**液体の圧縮性**(compressibility of liquid)と呼ぶ。一定の温度および圧力の下で,体積 V の液体が Δp の圧力増加により体積が $-\Delta V$ だけ減少したとき,**圧縮率**(modulus of compressibility) C は以下の式で定義される。

$$C = \frac{1}{V} \frac{-\Delta V}{\Delta p}$$

$\Delta V/\Delta p$ は温度 T によって変化することを考慮し,さらに微分形式で表すと上式は次式のようになる。

$$C = -\frac{1}{V}\left(\frac{\partial V}{\partial p}\right)_T \tag{1.8}$$

表1.6に20℃での代表的な液体の圧縮率を示す。比較のために理想気体の場合を考える。理想気体の等温圧縮率は状態方程式より $C = 1/p$ となり,1気圧(=101 325 Pa)のとき $C = 9.87 \times 10^{-6}$ Pa^{-1} となる。表からわかるように水

表1.6 代表的な液体の圧縮率（20℃）[12]

液体	水	エーテル	エチルアルコール	メチルアルコール	水銀
圧力範囲〔atm〕	1～5 000	1～5 000	1～5 000	1～5 000	1 000～10 000
圧縮率 C 〔GPa^{-1}〕	0.45～0.18	1.87～0.22	1.11～0.22	1.23～0.21	0.039～0.030

の圧縮率は理想気体の等温圧縮率に比べて非常に小さく（約2万分の1），通常の圧力変化では体積は変化しない非圧縮性流体として扱うことができる．

1.2.3 圧力とせん断応力

力には大きく分けて，質量力と面積力がある．質量力とは，重力や遠心力のように加速度によって力が各質量要素に直接作用する力である．それに対して圧力やせん断応力などのように，ある面を通して各要素に作用する力を面積力と呼ぶ．図1.10に示すように，水中のある面に対して力 F が作用しているとする．力 F を面に垂直な成分（法線方向成分）F_z と平行な成分（接線方向成分）F_x, F_y に分けることができ，垂直な成分を圧力，平行な成分をせん断応力と呼ぶ．圧力，せん断応力はともに単位面積に作用する力（応力）と定義され，単位は N/m^2 となる．

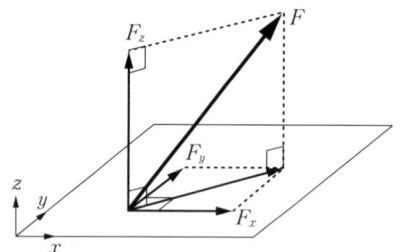

図1.10 面要素に作用する力

いま，流体内部の仮想的な x 軸に垂直な面を考えると，応力 σ はそれぞれ x, y, z 方向の分力に分解される．そのときの表記法はつぎのようになる．

σ_{xx}（x 軸に垂直な断面に x 方向に働く応力）

σ_{xy}（x 軸に垂直な断面に y 方向に働く応力）

σ_{xz} (x 軸に垂直な断面に z 方向に働く応力)

このほか，y 軸に垂直な断面，z 軸に垂直な断面に作用する応力もあるので，それらをまとめて表すと

$$\begin{pmatrix} \sigma_{xx} & \sigma_{yx} & \sigma_{zx} \\ \sigma_{xy} & \sigma_{yy} & \sigma_{zy} \\ \sigma_{xz} & \sigma_{yz} & \sigma_{zz} \end{pmatrix} \begin{matrix} \cdots (x方向の応力) \\ \cdots (y方向の応力) \\ \cdots (z方向の応力) \end{matrix} \tag{1.9}$$

となる。これを**応力テンソル**（stress tensor）と呼ぶ。応力テンソルの対角成分はそれぞれ，x, y, z と垂直な面に垂直（法線方向）に働く応力であり，圧力となる。圧力を p で表すと次式のようになる。

$$p_x = \sigma_{xx}, \qquad p_y = \sigma_{yy}, \qquad p_z = \sigma_{zz}$$

対角成分以外の応力は各面に対して平行（接線方向）に作用する応力であり，せん断応力を表す。

ここで，**図 1.11** に示すような流体中の微小領域の x-y 平面を考える。微小領域に作用する応力は図示されている σ_{xx}, σ_{xy}, σ_{yy}, σ_{yx} の四つであり，中心位置である点 O まわりのモーメントのつり合いを考える。

$$2 \times \sigma_{xy} \times \Delta y \times \frac{1}{2} \Delta x - 2 \times \sigma_{yx} \times \Delta x \times \frac{1}{2} \Delta y = 0$$

よって，応力テンソルの対称成分は $\sigma_{xy} = \sigma_{yx}$ となる。同様に，$\sigma_{yz} = \sigma_{zy}$, $\sigma_{zx} = \sigma_{xz}$ となり，応力テンソルは対称テンソルとなる。よって，流体内部に働く応

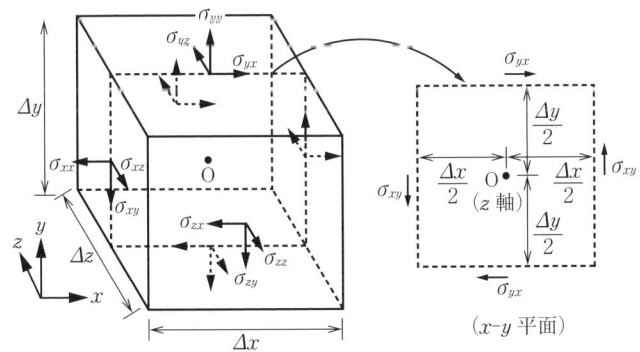

図 1.11 応力テンソル

力は対角成分（圧力）σ_{xx}, σ_{yy}, σ_{zz} と非対角成分（せん断応力）σ_{xy}, σ_{yz}, σ_{zx} の六つの応力で決まる。

演 習 問 題

〔1.1〕 工学単位では水の単体重量 w_0 は $1\,000\,\mathrm{kgf/m^3}$ となるが，SI で表せばいくらになるかを求めよ。

〔1.2〕 水銀の比重を 13.6 として，$1\,\mathrm{cm^3}$ の水銀の重量を求めよ。

〔1.3〕 比重 2.65 の石英砂 $1\,\mathrm{m^3}$ の月面上での重量を求めよ。ただし，月面上での水 $1\,\mathrm{m^3}$ の重量を $1\,622\,\mathrm{N}$ とする。

〔1.4〕 図 1.5 のような条件下で，平板間の距離 d が $5\,\mathrm{cm}$，平板の断面積 A が $1\,\mathrm{m^2}$，力 F が $0.1\,\mathrm{N}$，速度 U が $5\,\mathrm{m/s}$ であった。このときの粘性係数 μ 〔Pa·s〕を求めよ。

〔1.5〕 図 1.8 のように水面に直径 D が $3\,\mathrm{mm}$ のガラス細管を鉛直に立てた。接触角 θ を $6°$，水の表面張力を $73\,\mathrm{dyn/cm}$ として水面上昇高さ h を求めよ。

2章 流体の力学

◆ 本章のテーマ

　本章の目的は水理学を学ぶ上で必要となる基礎的な力学を理解するために，水に作用する力について学ぶ。まず，水が静止した状態での水に作用する力を学ぶ。特に，静水圧の原理を理解し，ゲートなどの設計で必要となる水圧の計算法を学習する。また，水中の物体に作用する浮力を理解し，浮体の安定性について学ぶ。つぎに，水の流れの特性について，質量保存則である連続の式，およびエネルギー保存則であるベルヌーイの定理を学習する。また，水の運動を規定する運動方程式，運動量の定理について学習する。

◆ 本章の構成（キーワード）

2.1 静水の力学
　　静水圧，平面に働く静水圧，曲面に働く静水圧，アルキメデスの原理，浮体の安定性，差圧計

2.2 流水の力学
　　流体運動の分類と記述法，連続の式，運動方程式，速度ポテンシャル，流れ関数，粘性流体の力学，エネルギー保存則，ベルヌーイの定理，運動量の定理

◆ 本章を学ぶと以下の内容をマスターできます

☞ 流体運動の記述法
☞ 静水圧，浮力の原理，計算法
☞ 水の運動に関する連続の式，運動方程式
☞ エネルギー保存則，運動量の定理

2.1 静水の力学

まず，静止している場合の水が物体に作用する力，つまり静水圧について概説する。止水壁などに作用する水圧や水中物体に作用する浮力などを説明する。

2.1.1 静水圧

1.2.3項で述べたように，力には重力や遠心力のような質量に直接作用する質量力と，圧力やせん断応力のような物体の面を通して作用する面積力がある。水圧は水と接している面に垂直に作用する面積力である。一般に，「水圧」という場合には単位面積あたりに働く応力を意味し，「全水圧」という場合には水中のある領域の全面積に作用する力を意味する。

静水中のある水深の点における水圧はあらゆる方向から同じ力が作用している。例えば，図2.1に示すような微小な三角形領域を考える。水は静止しているので微小三角形領域に作用している力はつり合った状態にある。すなわち，次式のようになる。ここで，ρ_0 は水の密度，p_1, p_2, p_3 はそれぞれAB面，BC面，CA面に作用する圧力である。また，AB面，BC面，CA面はそれぞれ長さ dy, dx, dl, BC面とCA面のなす角は θ であり，奥行き幅は1とする。

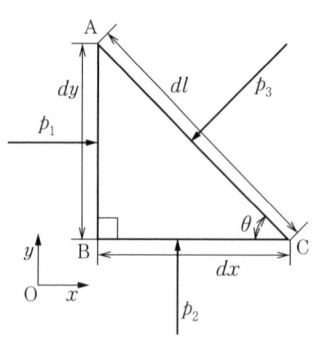

図2.1 微小三角形領域に作用する力

x 方向： $p_1 dy - p_3 dl \sin\theta = 0$

y 方向： $p_2 dx - p_3 dl \cos\theta - \dfrac{1}{2}\rho_0 g dx dy = 0$

ここで，$dl\sin\theta = dy$，$dl\cos\theta = dx$ なので

$$p_1 = p_3, \qquad p_2 = p_3 + \dfrac{1}{2}\rho_0 g dy$$

となる。微小領域について無限小の極限を考えると dy は0に近づき，結局，

$p_1 = p_2 = p_3$ となる．つまり，水中のある点においてはあらゆる方向から同じ大きさの圧力が作用していることを意味している．もし，方向によって圧力が違うと力のつり合いが崩れ，水が流れてしまうことになる．

水圧が生じる原因は水の重量である．静水中の水深 h における水圧はその点の上部にある水の重量によって生じている．図2.2に示すように静水中の底面積 A，高さ h（水深）の直方体を切り出して考えると，この直方体を支えるためには $F = \rho_0 g h A$〔N〕の力が必要になる．よって，水深 h における水圧 p は

$$p = \frac{F}{A} = \rho_0 g h \quad 〔\text{N}/\text{m}^2〕 \quad (2.1)$$

となる．

地球上では水面の上に大気があって大気圧 p_a で水面を押しつけているため，実際に作用している圧力は次式のようになる．

$$p = \rho_0 g h + p_a \quad (2.2)$$

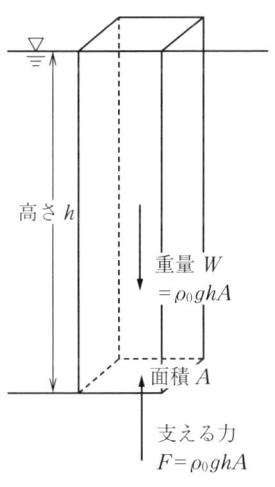

図2.2 静水圧の概説図

式(2.2)で表される圧力を**絶対圧力**（absolute pressure）という．通常の工学的な設計等では，大気圧を考慮することなく，式(2.1)で表される水圧を用いる．式(2.1)で表される絶対圧力から大気圧を差し引いた相対圧力を**ゲージ圧**（gauge pressure）と呼ぶ．以下の説明における「水圧」はゲージ圧を意味する．

2.1.2　平面に働く静水圧

式(2.1)からわかるように，水圧は水面で0であり，水深 h に比例して大きくなる．例えば，図2.3に示すように止水壁によって水深 H の水をせき止める場合に，止水壁にどの程度の力が作用するかを考える．

止水壁の幅 B を一定とした場合，水深 z における止水壁の微小な深さ dz の面積 Bdz の領域に作用する力 dP は $dP = \rho_0 g z B \, dz$ で表される．よって，止水壁に作用する全水圧 P は dP を全水深 H にわたって積分した値となり，次式

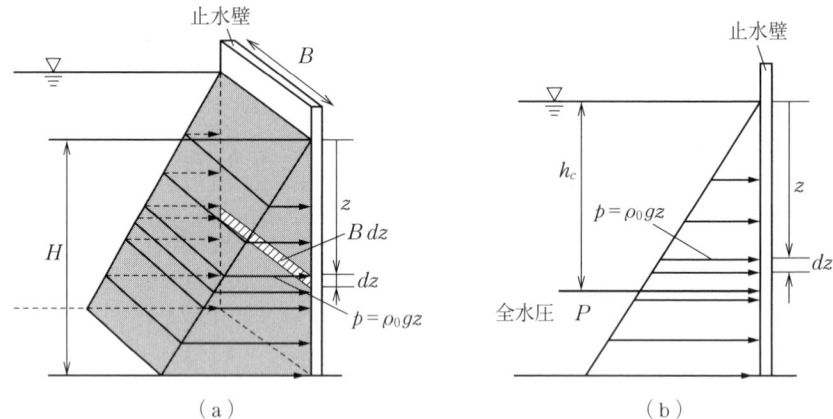

図 2.3 鉛直止水壁に作用する静水圧

で表される。

$$P = \int dP = \int_0^H \rho_0 gzB \, dz = \frac{1}{2}\rho_0 gH^2 B \tag{2.3}$$

これを図式的に考えると,止水壁に作用する水圧は水表面で 0,水深とともに直線的に増加し,底面では $\rho_0 gH$ の三角形の圧力分布となる。つまり,止水壁に作用する全水圧 P(式 (2.3))は三角形圧力分布の面積 $(1/2)\rho_0 gH^2$ に幅 B をかけた値になる。

また,全水圧 P が集中荷重として 1 点に作用すると仮定した場合,三角形分布の応力分布と力学的に等価になる位置を作用点と呼ぶ。つまり,水圧の分布荷重の重心位置に全水圧が集中的に作用していると考えることができる。例えば,本例の止水壁の場合を考えると,全水圧の作用点の水深 h_c は

$$\left.\begin{array}{l} P h_c = \int z \, dP = \int_0^H \rho_0 gz^2 B \, dz = \dfrac{1}{3}\rho_0 gH^3 B \\[6pt] \Rightarrow \quad h_c = \dfrac{2}{3}H \end{array}\right\} \tag{2.4}$$

となり,水圧の三角形分布の重心位置となる。

つぎに,水中に没している鉛直の平板に作用する水圧を考える。**図 2.4** のよ

うな水深 H_2 から H_1 に設置された止水壁に作用する水圧を考える。止水壁の形状は幅が B で一定の長方形断面とする。このとき，止水壁に加わる全水圧 P は

$$P = \int dP = \int_{H_2}^{H_1} \rho_0 gzB\, dz = \frac{1}{2}\rho_0 gH_1^2 B - \frac{1}{2}\rho_0 gH_2^2 B \ \left(=P_1-P_2\right) \quad (2.5)$$

となる。これを図式的に考えると，水面から底部まで止水壁があるとした場合の全水圧 P_1 から，上部の止水壁がない部分の全水圧 P_2 を差し引いた台形部分の圧力分布の面積に幅 B をかけた値となっている（式 (2.5) の括弧内の式）。

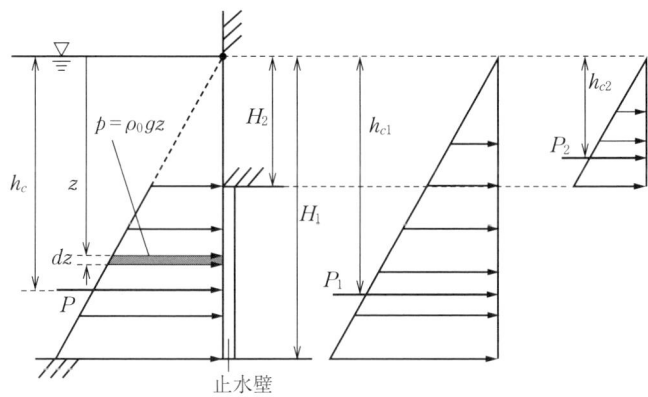

図 2.4 水中に没した止水壁に作用する静水圧

全水圧 P の作用位置 h_c は

$$\begin{aligned}
P\,h_c &= \int z\, dP = \int_{H_2}^{H_1} \rho_0 gz^2 B\, dz = \frac{1}{3}\rho_0 gH_1^3 B - \frac{1}{3}\rho_0 gH_2^3 B \\
&\left(= P_1 \times \frac{2}{3}H_1 - P_2 \times \frac{2}{3}H_2\right) \\
\Rightarrow \quad h_c &= \frac{P_1 \times \frac{2}{3}H_1 - P_2 \times \frac{2}{3}H_2}{P}
\end{aligned} \quad (2.6)$$

または

$$h_c = \frac{\frac{1}{3}\rho_0 g\left(H_1^3 - H_2^3\right)B}{\frac{1}{2}\rho_0 g\left(H_1^2 - H_2^2\right)B} = \frac{2}{3}\frac{H_1^3 - H_2^3}{H_1^2 - H_2^2} \tag{2.7}$$

となる。これを図式的に考える場合，点 O まわりのモーメントを考える。全水圧 P によるモーメントは，水面から底部まであると考えた場合の全水圧 P_1 によるモーメントから止水壁のない部分の全水圧 P_2 によるモーメントを差し引いた値と等しくなる（式 (2.6) の括弧内の式）。よって，全水圧 P の作用位置 h_c は式 (2.7) により求められ，これは止水壁に作用する台形圧力分布の重心位置までの水深に等しい。

つぎの例として，**図 2.5** のように水中に斜めに設置された奥行き幅 B の平板に作用する全水圧を考える。水圧は斜面に沿った平板までの距離 S_2 から平板終端の S_1 までに作用する。平板上の位置 s における水圧は $p = \rho_0 g s \sin\theta$ となる。よって，全水圧 P は

$$\begin{aligned}P = \int dP &= \int_{S_2}^{S_1} \rho_0 g s \sin\theta \cdot B\, ds \\ &= \frac{1}{2}\rho_0 g S_1^2 \sin\theta \cdot B - \frac{1}{2}\rho_0 g S_2^2 \sin\theta \cdot B = P_1 - P_2\end{aligned} \tag{2.8}$$

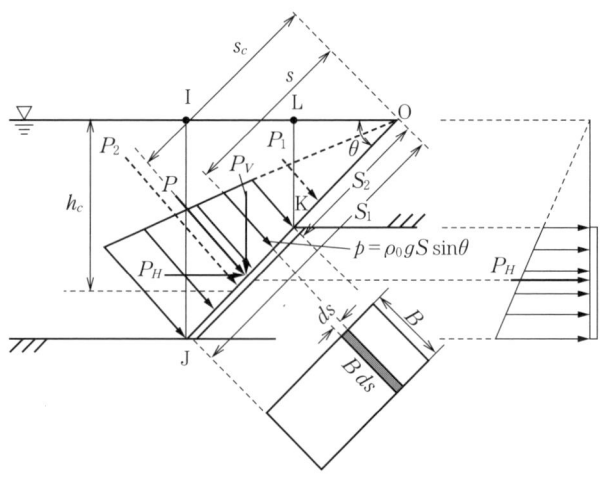

図 2.5 斜めに設置された平板に作用する静水圧

2.1 静水の力学

となる．ここで，P_1 は水面から S_1 の位置まで平板があった場合の全水圧で，P_2 は水面から S_2 まで平板があった場合の全水圧である．また，斜面に沿った作用位置 s_c は式 (2.6) と同様に

$$P\,s_c = \int s\,dP = \int_{S_2}^{S_1} \rho_0 g s^2 \sin\theta \cdot B\,dz = \frac{1}{3}\rho_0 g S_1^3 \sin\theta \cdot B - \frac{1}{3}\rho_0 g S_2^3 \sin\theta \cdot B$$

$$\left(= P_1 \times \frac{2}{3}S_1 - P_2 \times \frac{2}{3}S_2\right) \tag{2.9}$$

から，次式のように求められ

$$s_c = \frac{P_1 \times \frac{2}{3}S_1 - P_2 \times \frac{2}{3}S_2}{P}$$

または

$$s_c = \frac{\frac{1}{3}\rho_0 g\left(S_1^3 - S_2^3\right)\sin\theta \cdot B}{\frac{1}{2}\rho_0 g\left(S_1^2 - S_2^2\right)\sin\theta \cdot B} = \frac{2}{3}\frac{S_1^3 - S_2^3}{S_1^2 - S_2^2} \tag{2.10}$$

である．

　斜めに設置された平板に働く全水圧 P については，水平成分 P_H と鉛直成分 P_V に分けて考えることもできる．水平成分 P_H は斜めの平板を鉛直面に投影した断面に作用する力と考えることができる．この場合，P_H は水中に没している鉛直の平板に作用する全水圧の式 (2.5) から求めることができる．このときの水深は

$$H_1 = S_1 \sin\theta, \qquad H_2 = S_2 \sin\theta$$

となるので，式 (2.5) から P_H は次式により求まる．

$$P_H = \frac{1}{2}\rho_0 g S_1^2 \sin^2\theta \cdot B - \frac{1}{2}\rho_0 g S_2^2 \sin^2\theta \cdot B = \frac{1}{2}\rho_0 g\left(S_1^2 - S_2^2\right)\sin^2\theta \cdot B \tag{2.11}$$

鉛直成分 P_V は，平板の上方にある水の重量となる．平板の上方にある水の体積 V は，台形の面積（図 2.5 の台形 IJKL の面積）×奥行き　であり

$$V = \frac{1}{2}(S_1 \sin\theta + S_2 \sin\theta) \times (S_1 - S_2)\cos\theta = \frac{1}{2}\left(S_1^2 - S_2^2\right)\sin\theta \cos\theta \tag{2.12}$$

となる。よって，P_V は

$$P_V = \rho_0 g V = \frac{1}{2}\rho_0 g \left(S_1^2 - S_2^2\right)\sin\theta\cos\theta \tag{2.13}$$

となる。斜めに設置された平板に作用する全水圧 P は

$$P = \sqrt{P_H^2 + P_V^2} = \frac{1}{2}\rho_0 g \sin\theta \cdot B\sqrt{\left(S_2^2 - S_1^2\right)^2\left(\sin^2\theta + \cos^2\theta\right)}$$

$$= \frac{1}{2}\rho_0 g \left(S_2^2 - S_1^2\right)\sin\theta \cdot B \tag{2.14}$$

となり，式 (2.8) と一致する。

図 2.5 からわかるように，作用位置 s_c は P_H が作用する位置と同じになるため

$$s_c = \frac{h_c}{\sin\theta} = \frac{2}{3}\frac{H_1^3 - H_2^3}{H_1^2 - H_2^2}\frac{1}{\sin\theta} = \frac{2}{3}\frac{\left(H_1/\sin\theta\right)^3 - \left(H_2/\sin\theta\right)^3}{\left(H_1/\sin\theta\right)^2 - \left(H_2/\sin\theta\right)^2}$$

$$= \frac{2}{3}\frac{S_2^3 - S_1^3}{S_2^2 - S_1^2} \tag{2.15}$$

となり，式 (2.10) と一致する。

これまで長方形平板に作用する全水圧およびその作用位置について考察してきたが，以下では一般断面形状の平板に水圧が作用する場合の全水圧および作用位置について考える。**図 2.6** のような断面の平板に水圧が作用する場合の全水圧とその作用位置について考える。平板の中の微小領域 $B(z)dz$（図の網掛け部）に作用する水圧は $dP = \rho_0 g z B(z) dz$ であるから，全水圧 P は

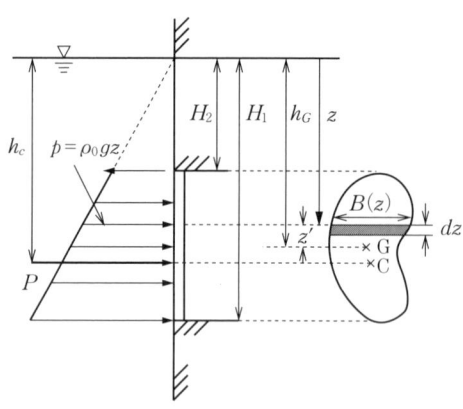

図 2.6 一般断面形状の平板に作用する静水圧

2.1 静水の力学

$$P = \int dP = \int_{H_2}^{H_1} \rho_0 g z B(z) dz = \rho_0 g \int_{H_2}^{H_1} z B(z) dz \tag{2.16}$$

となる．この式の $\int_{H_2}^{H_1} zB(z)dz$ は断面1次モーメントであり，平板の図心までの深さを h_G とし，$z'=z-h_G$ とおくと

$$\int_{H_2}^{H_1} zB(z)dz = \int_{H_2}^{H_1}(z'+h_G)B(z'+h_G)dz'$$
$$= Ah_G + \int_{H_2-h_G}^{H_1-h_G} z'B(z'+h_G)dz' \tag{2.17}$$

となる．右辺第2項は図心まわりの断面1次モーメントであり，0となる．よって，全水圧 P は

$$P = \rho_0 g A h_G \tag{2.18}$$

となる．また，全水圧 P の作用点 h_c は点Oまわりのモーメントより

$$P h_c = \int z\, dP = \rho_0 g \int_{H_2}^{H_1} z^2 B(z)dz = \rho_0 g \int_{H_2}^{H_1}(z'+h_G)^2 B(z')dz'$$
$$= \rho_0 g \left\{ Ah_G^2 + 2h_G \int_{H_2-h_G}^{H_1-h_G} z'B(z'+h_G)dz' + \int_{H_2-h_G}^{H_1-h_G} z'^2 B(z'+h_G)dz' \right\}$$
$$= \rho_0 g \left(Ah_G^2 + I \right)$$

となる．ここで，$I = \int_{H_2-h_G}^{H_1-h_G} z'^2 B(z'+h_G)dz'$ は図心 h_G まわりの断面2次モーメントである．よって，作用位置 h_c は

$$h_c = \frac{\rho_0 g (Ah_G^2 + I)}{P}$$
$$= h_G + \frac{I}{Ah_G} \tag{2.19}$$

で求められる．

つぎに，平板が傾いている場合を考える（図2.7）．平板に平行な軸を s 軸とした場合，平板に作用する全

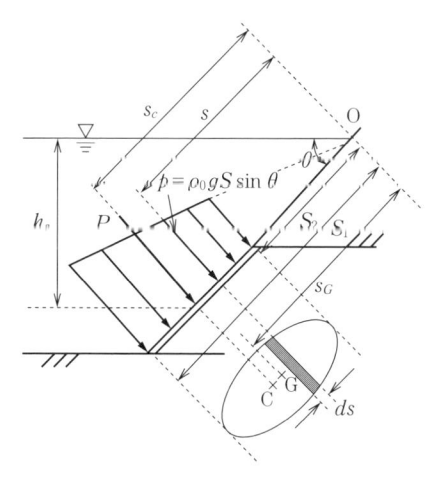

図2.7 斜めに設置された一般断面形状平板に作用する静水圧

水圧 P は

$$P = \int dP = \int_{S_1}^{S_2} \rho_0 g s \sin\theta \cdot B(s) ds = \rho_0 g A s_G \sin\theta = \rho_0 g A h_G \quad (2.20)$$

となり，鉛直に設置された平板に作用する全水圧の式 (2.18) と一致する。P の作用位置 s_c は

$$P s_c = \int s\, dP = \int_{S_1}^{S_2} \rho_0 g s^2 \sin\theta \cdot B(s) ds$$

$$= \rho_0 g \sin\theta \cdot \int_{h_1}^{h_2} s^2 B(s) ds = \rho_0 g \sin\theta \left(A s_G^2 + I \right)$$

より求まる。ここで $h_G = s_G \sin\theta$ なので，作用位置 s_c は

$$s_c = \frac{\rho_0 g \sin\theta \left(A s_G^2 + I \right)}{\rho_0 g A h_G} = \sin\theta \left(\frac{s_G^2}{h_G} + \frac{I}{A h_G} \right) = s_G + \frac{I}{A s_G} \quad (2.21)$$

となる。

2.1.3　曲面に働く静水圧

前項では平板に作用する水圧について考察してきた。本項では曲面を有するゲートなどの水工構造物に作用する水圧を考える。図 2.8 に示すようなテンターゲートの曲面に水圧が作用する場合を考える。水圧は面に対して垂直に働くので，実際の圧力分布は図の細い矢印群に示すような分布となる。ゲート面に沿って圧力を積分すれば，ゲートに作用する全水圧とその作用方向を求めることができるが，前項で斜めに設置された平板上に働く全水圧を求める際に用いた考え方を用いれば，より簡単に求めることができる。つまり，ゲートに作用する水平成分の水圧と鉛直成分の水圧を求めることによ

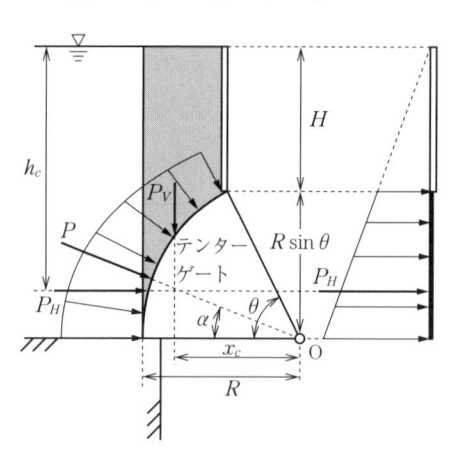

図 2.8　テンターゲートに作用する静水圧

り，全水圧，作用方向，作用位置を求めることができる．以下にその具体的な求め方を示す．

まず，水平方向の水圧 P_H はゲートを鉛直面に投影した断面に作用する水圧と考えることができる．よって，P_H を求めるために式 (2.5) を用いることができ，このときの水深は $H_1 = H + R\sin\theta$，$H_2 = H$ なので

$$P_H = \frac{1}{2}\rho_0 g(H + R\sin\theta)^2 B - \frac{1}{2}\rho_0 g H^2 B$$

$$= \frac{1}{2}\rho_0 g R^2 \sin^2\theta \cdot B + \rho_0 g H R\sin\theta \cdot B \tag{2.22}$$

となる．また，鉛直成分の水圧 P_V はテンターゲート上にある水の重量なので，テンターゲート上にある水の体積に密度と重力加速度を乗じたものが P_V となり，θ の単位を度として次式のようになる．

$$P_V = \rho_0 g \times (\text{テンターゲート上の水の体積}) = \rho_0 g \times \text{\textbar} \times B$$

$$= \rho_0 g \times \left\{ (H + R\sin\theta)R(1 - \cos\theta) \right.$$

$$\left. - \left(\pi R^2 \frac{\theta}{360} - \frac{1}{2}R\sin\theta \cdot R\cos\theta\right) \right\} \times B \tag{2.23}$$

よって，テンターゲートに作用する全水圧 P は式 (2.22)，(2.23) より

$$P = \sqrt{P_H^2 + P_V^2} \tag{2.24}$$

によって求められる．

全水圧 P の作用する位置を求めるには，P_H と P_V が作用する位置をそれぞれ求めればよい．P_H の作用位置は式 (2.7) で求められる．このテンターゲートの場合は $H_1 = H + R\sin\theta$，$H_2 = H$ なので，P_H の作用点 h_c は次式のように求まる．

$$h_c = \frac{2}{3}\frac{H_1^2 + H_1 H_2 + H_2^2}{H_1 + H_2} = \frac{2}{3}\frac{3H^2 + 3HR\sin\theta + R^2\sin^2\theta}{2H + R\sin\theta} \tag{2.25}$$

つぎに P_V の作用する位置を考える．テンターゲートの場合，ゲート面が円弧になっており，圧力は面に対して垂直に作用するので，作用するすべての圧力はゲートの回転中心に向かう．よって，テンターゲートの回転中心である点

Oまわりのモーメントは0となる。P_Vが作用する位置のテンターゲートの回転中心からの水平距離をx_cとし、点Oまわりの反時計回りのモーメントを正とすると

$$P_V x_c - P_H (H + R\sin\theta - h_c) = 0 \tag{2.26}$$

となる。よって、P_Vの作用位置x_cは次式となる。

$$x_c = \frac{P_H (H + R\sin\theta - h_c)}{P_V} \tag{2.27}$$

また、全水圧の作用する方向を水平面に対して成す角度αで表すと、αは次式で求まる。

$$\alpha = \tan^{-1} \frac{P_V}{P_H} \tag{2.28}$$

以上より、テンターゲートに作用する全水圧に関する必要な諸量は求められる。

つぎに、図2.9に示すようなラジアルゲートを考える。テンターゲートはゲート面が上方を向いているのに対して、ラジアルゲートは下方を向いている点が大きな違いである。基本的な全水圧の諸量に関する求め方はテンターゲートの場合と同じである。水平成分P_Hはラジアルゲートを鉛直断面に投影した面に作用する全水圧となり、次式で表される。

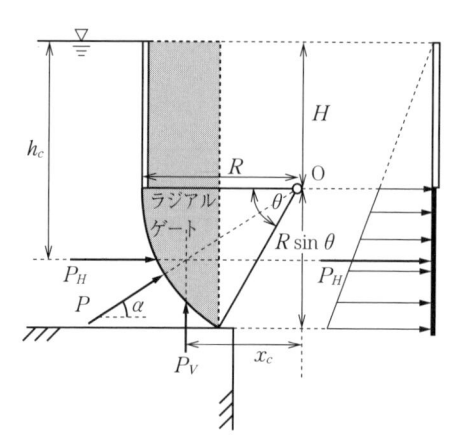

図2.9 ラジアルゲートに作用する静水圧

$$P_H = \frac{1}{2}\rho_0 g R^2 \sin^2\theta \cdot B + \rho_0 g H R \sin\theta \cdot B \tag{2.29}$$

鉛直成分P_Vの考え方には注意が必要である。テンターゲートの場合には、ゲート上方に水は存在しないため、ゲート下方から上方に向けて鉛直成分P_V

2.1 静水の力学

が作用する。もしゲートが存在しなければ上方の水の重量と下方の水圧がつり合った状態にあるが，ゲートによって上部の水が取り除かれ，上部の水の重量とつり合っている上向きの水圧のみが残り，その力がゲートに作用する。よって，P_V は θ の単位を度として次式のようになる。

$$P_V = \rho_0 g \times (\text{ラジアルゲートによって排除された水の体積}) = \rho_0 g \times \boxed{} \times B$$

$$= \rho_0 g \times \left\{ HR(1-\cos\theta) + \left(\pi R^2 \frac{\theta}{360} - \frac{1}{2} R\sin\theta \cdot R\cos\theta \right) \right\} \times B \quad (2.30)$$

したがって，図 2.9 に示すラジアルゲートに作用する全水圧 $P = \sqrt{P_H^2 + P_V^2}$ は式 (2.29)，(2.30) より求められる。また，P_H，P_V の作用する位置を求める方法についてもテンターゲートの場合と同じであり，ラジアルゲートの回転中心点 O まわりのモーメントが 0 となることを利用して求めることができる。すなわち

$$\left. \begin{aligned} P_H &= \frac{1}{2} \rho_0 g R^2 \sin^2\theta \cdot B + \rho_0 g H R \sin\theta \cdot B \\ P_V &= \rho_0 g \times \Big\{ HR(1-\cos\theta) \\ &\quad + \left(\pi R^2 \frac{\theta}{360} - \frac{1}{2} R\sin\theta \cdot R\cos\theta \right) \Big\} \times B \\ h_c &= \frac{2}{3} \times \frac{3H^2 + 3HR\sin\theta + R^2\sin^2\theta}{2H + R\sin\theta} \end{aligned} \right\} \quad (2.31)$$

より，ラジアルゲートの回転中心点 O まわりのモーメントは反時計回りを正とした場合

$$P_H(h_c - H) - P_V x_c = 0 \quad (2.32)$$

となり，点 O から P_V の作用位置までの水平距離 x_c は

$$x_c = \frac{P_H(h_c - H)}{P_V} \quad (2.33)$$

となる。また，全水圧 P の作用方向は水平面となす角度を α とすると

$$\alpha = \tan^{-1} \frac{P_V}{P_H} \quad (2.34)$$

となる。

2.1.4 アルキメデスの原理と浮体の安定

水の中に物体を沈めると物体は浮力を受け，重力と浮力の大小関係により物体の浮き沈みが決まる。浮力は，物体に働く水圧によって生じる。ここでは，浮力はどのようにして決まるのかを考える。図2.10 (a)に示すような，水中に静止している物体に作用する圧力を考える。圧力は水深によって決まり，物体の表面に垂直に作用することはすでに学んだ。このような任意の形状の物体に作用する水圧を考える場合，鉛直成分と水平成分に分けて考えることができることもすでに学んだ。

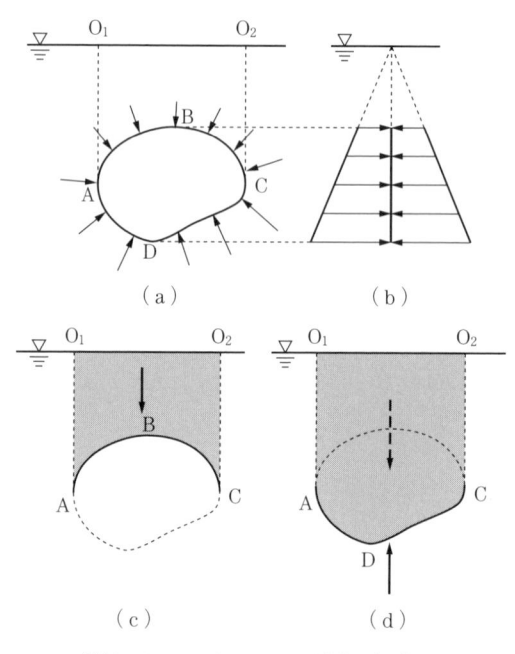

図2.10 アルキメデスの原理の概説図

まず，水平成分について考える。水中に没している物体を鉛直面に投影した断面に水圧は作用するが，左右両面から水圧が作用している。よって，水圧の水平成分は相殺され，0となる（図(b)）。その結果，水中に没している物体に作用する水圧は鉛直成分のみとなり，鉛直上向きと下向きの水圧差により浮力が生じる。

水圧の鉛直成分は物体の上面に鉛直下向きに作用する力と物体の下面に鉛直上向きに作用する力から成る。物体の上面に鉛直下向きに作用する水圧は物体の上面より上部に載っている水の重量（図(c)のO_1ABCO_2の部分の水の重

量）であり，物体下面から鉛直上向きに作用する水圧として物体下面より上方がすべて水で満たされているとした場合の水の重量（図（d）の O_1ADCO_2 の部分がすべて水だとした場合の重量）が上向きに作用する．物体に作用する鉛直上向きと下向きの水圧の差が浮力として物体に働くことになる．以上のことより，物体に作用する浮力 B は

$$B = \rho_0 g \times (O_1ABCO_2 の体積) - \rho_0 g \times (O_1ADCO_2 の体積)$$
$$= \rho_0 g \times (ABCD の体積) \tag{2.35}$$

と表される．つまり，物体が水を排除した体積の水の重量が鉛直上向きに作用する力が浮力である．これが**アルキメデスの原理**（Archimedes' principle）である．

物体の密度を ρ_s とした場合，物体に作用する重力は

$$W = \rho_s g \times (ABCD の体積) \tag{2.36}$$

となり，浮力 B と重力 W の大小関係により以下のように物体の浮き沈みが決まる．

$$B > W \quad (浮かぶ), \qquad B = W \quad (中立), \qquad B < W \quad (沈む) \tag{2.37}$$

つぎに，密度 ρ_s （$\rho_s < \rho_0$）の直方体が**図 2.11**（a）のような状態で水に浮いている場合を考える．いま，物体の重力と物体が水に浸かっている部分の浮力がつり合っていること（$W = B$）により，物体が水に浸っている部分の水深

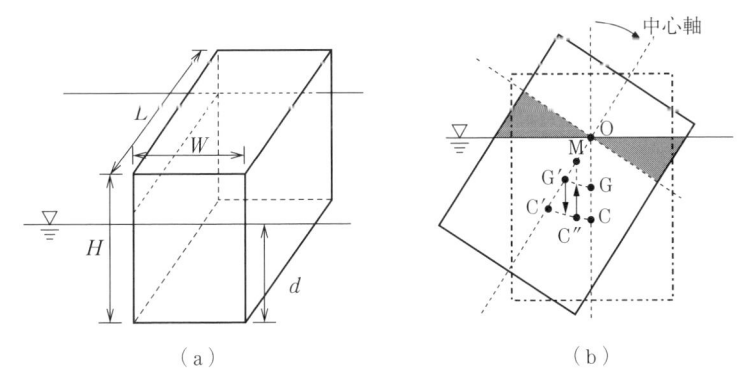

図 2.11 浮体の安定性

（喫水深）d は次式となる。

$$\rho_s \times g \times W \times H \times L = \rho_0 \times g \times W \times d \times L$$

$$\Rightarrow \quad d = \frac{\rho_s}{\rho_0} H \tag{2.38}$$

　この浮体の回転に関する安定性を調べる。つまり，浮体を転倒（回転）させようとするなんらかの力が作用したときに，浮体が元の状態に戻ろうとするのか，そのまま転倒してしまうのかを判定する。まず，物体の重力が作用している点は物体の重心 G であり，浮力が作用している点が浮心 C である。浮心 C は，浮体によって排除された水の重心に相当する。

　図 2.11（b）に示すように，物体がほんの少し傾いた場合を考える。重心 G は物体中での相対位置を変えず，物体の傾きに伴って中心軸上の点 G′ に移動する。これに対し浮心 C は，傾きに伴う没水部分形状の変化によって中心軸上の点 C′ ではなく，点 C″ へと移動する。すなわち図（b）の斜線で示すように，物体が傾くと没水部分と水面上に出現する部分があり，物体が排除した水の体積形状は中心軸に対して左右非対称となるため，浮力の作用線が物体の中心軸上 C′ から浮心 C″ へとずれる。傾いた物体に作用する浮力のモーメントを考えるとき，浮心 C″ から鉛直上向きに伸ばした浮力作用線と傾いた状態での物体の中心軸との交点 M に浮力が作用すると考えればよい。この交点 M を**傾心**（metacenter）と呼ぶ。

　傾斜した物体に作用する回転モーメントをわかりやすくするため，中心軸近傍を取り出して考える（**図 2.12**）。回転中心を点 O とし，重力 W が重心 G に作用し，浮力 B が傾心 M に作用する。浮体の安定・不安定は，転倒しようとする力と元に戻ろうとする復元力の大小関係により決まる。つまり，転倒モーメントが復元モーメントより小さい場合には安定であり，逆に転倒モーメントが復元モーメントより大きい場合には不安定となる。浮体の場合には浮力 B と重力 W がつり合った状態であり，転倒モーメントと復元モーメントの大小関係は重心と傾心の位置関係のみによって決まる。図のように，回転中心 O，重心 G，傾心 M の位置関係には六つのパターンが考えられるが，浮体が安定

2.1 静水の力学

（a）安定　　　　　　　　　（b）不安定

── 浮体の中心軸，　---- 鉛直軸

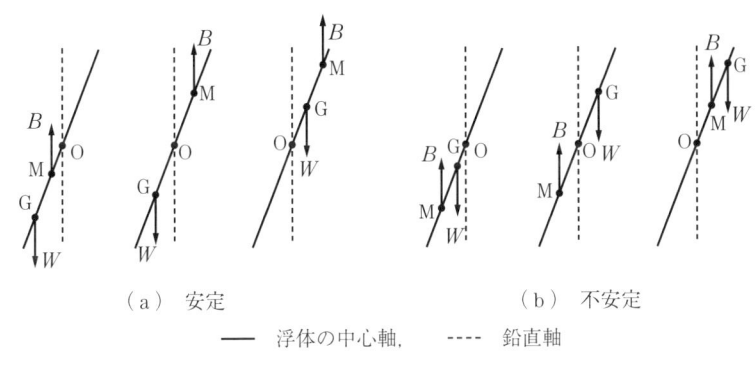

図 2.12　浮体の安定・不安定の条件

となるのは重心 G がつねに傾心 M より下にある場合である．重心 G から中心軸の上向きにとった傾心 M の位置 $\overline{\mathrm{GM}}$ が，正（M が G よりも上）ならば浮体は回転に対して安定となり，負（M が G よりも下）ならば不安定となる．すなわち，つぎのようになる．

$$\overline{\mathrm{GM}} > 0 \quad（安全），\quad \overline{\mathrm{GM}} = 0 \quad（中立），\quad \overline{\mathrm{GM}} < 0 \quad（不安定） \quad (2.39)$$

以下で，$\overline{\mathrm{GM}}$ の求め方について考える．**図 2.13**（a）に示すように浮体の中心軸がわずかな角度 θ だけ傾いた場合，水面上に出た部分の浮力はなくなり，水面下に沈み込んだ部分の浮力が加わる．すなわち，水中に没した部分には上向きの浮力が加わり，水面上に出た部分には浮力がなくなり下向きに重力が作用する．よって，中心軸まわりの回転モーメント M_0 は次式のようになる．

$$M_0 = \int_{-\frac{B}{2}}^{\frac{B}{2}} x \times \rho_0 g l x \theta \, dx = \rho_0 g \theta \int_{-\frac{B}{2}}^{\frac{B}{2}} l x^2 dx = \rho_0 g \theta I_y \quad (2.40)$$

ここで，I_y は水面で切り取られる断面（図（b））の y 軸まわりの断面 2 次モーメントである．

一方，回転する前の浮心 C が，回転とともに物体内の相対位置を変えないまま点 C′ へ移動したとする．この場合，点 O まわりのモーメントは，中心軸 N から点 C′ までの距離を $\overline{\mathrm{C'N}}$，排除体積を V とすると $\overline{\mathrm{C'N}} \times \rho_0 g V$ となる．しかし，実際には浮心が点 C″ へ移るため，浮力がもたらす点 O まわりの回転モーメントは，中心軸 N から点 C″ までの距離を $\overline{\mathrm{C''N}}$ とすると $\overline{\mathrm{C''N}} \times \rho_0 g V$ と

なる。式 (2.40) で表される θ だけ傾いたことによって生じる点Oまわりのモーメント M_0 は次式のようにも書き表せる。

$$M_0 = -\overline{\text{C'N}} \times \rho_0 gV - (-\overline{\text{C''N}} \times \rho_0 gV) = \overline{\text{C'C''}} \times \rho_0 gV \quad (2.41)$$

よって，式 (2.40)，(2.41) より

$$\rho_0 g \theta I_y = \overline{\text{C'C''}} \times \rho_0 gV \quad (2.42)$$

となる。ここで，$\overline{\text{C'C''}} = \theta \overline{\text{C'M}} = \theta \overline{\text{CM}} = \theta(\overline{\text{CG}} + \overline{\text{GM}})$ であり，式 (2.42) は次式のようになる。

$$\overline{\text{GM}} = \frac{I_y}{V} - \overline{\text{CG}} \quad (2.43)$$

式 (2.43) から $\overline{\text{GM}}$ を算定し，式 (2.39) より浮体の安定性を判定することができる。

2.1.5 差 圧 計

流体中の2点間の圧力差を計測する器具として差圧計がある。図 2.14 に示すように点Aと点Bは水で満たされており，両点は細管でつながれ，途中には水銀が入っている。点Aおよび点Bでの圧力をそれぞれ p_A，p_B とし，圧力差 $p_A - p_B$ を面Cと面C'の圧力のつり合いから求める。細管の断面積を a とする。まず，面Cに作用する力として圧力 p_A が断面積 a に作用しており，さらに面Cの上方の水柱の重量 $\rho_0 g h_A a$ が加わっている。また，面C'には同様に圧力 p_B が断面積 a に作用しており，面C'上には高さ h_B の水柱の重量 $\rho_0 g h_B a$ と高さ Δh の水銀柱の重量 $\rho_{Hg} g \Delta h a$ が加わっている。ここで，ρ_{Hg} は水銀の密度であ

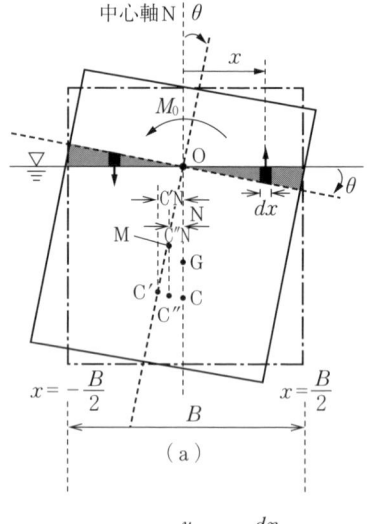

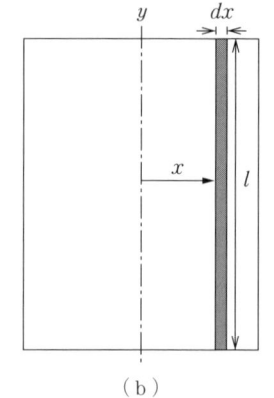

図 2.13 浮体の回転によるモーメント

る。よって，面Cと面C'の圧力のつり合いは以下のように表される。

$$(p_A a + \rho_0 g h_A a)/a$$
$$= (p_B a + \rho_0 g h_B a + \rho_{Hg} g \Delta h \, a)a \quad (2.44)$$

この式より，圧力差 $p_A - p_B$ は

$$p_A - p_B = \rho_0 g(h_B - h_A) + \rho_{Hg} g \Delta h \quad (2.45)$$

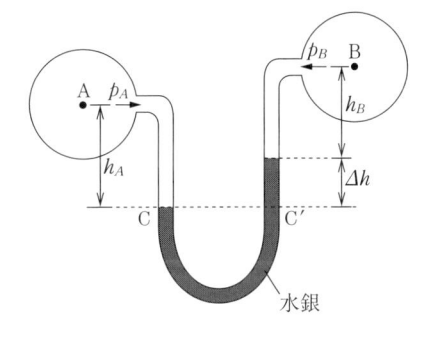

図 2.14　差圧計の計測原理

となる。単位体積重量（$w_0 = \rho_0 g$）あたりの圧力差（圧力水頭差，2.2.7 項で説明）で表すと

$$\frac{p_A - p_B}{\rho_0 g} = h_B - h_A + \gamma_{Hg} \Delta h \quad (2.46)$$

となる。ここで，γ_{Hg} は水銀の比重である。

式（2.46）よりわかるように $h_A = h_B$ の場合，圧力水頭差は $\gamma_{Hg} \Delta h$ となり，水銀面の高低差を計測すれば圧力差を求めることができる。差圧計の作業流体として水銀を用いる場合，比重が $\gamma_{Hg} = 13.6$ であるため，Δh はマノメータによる水柱の高低差の $1/13.6$ の値となるため，短い管で大きな圧力差を計測することが可能となる。

逆に，小さな圧力差を計測する場合には，比重が1よりも小さい水に溶けない液体（例えばベンゼン（比重：0.822）など）を用いれば，高低差 Δh を拡大して精度よく計測することができる。

2.2 流水の力学

本節では，水が流れている場合の力学を概説する。流れの状態はいくつかの視点によって分類される。水が流れている場合の各点の流速および圧力は相互に関係しており，それらを規定する方程式について説明する。

2.2.1 流体運動の分類

水が流れている状態にはいくつかの分類法がある。代表的な分類法について説明する。

〔1〕 **層流と乱流**　流れに伴って水粒子が層状を保ったままおとなしく流れている状態を**層流**（laminar flow）と呼び，流れに伴って水粒子が入れ乱れて流れている状態を**乱流**（turbulent flow）と呼ぶ。流れの中に非常に細い管から染料を出して流れを可視化した場合，層流では染料がそのまま糸を引くように流れに沿って運ばれるが，乱流の場合には乱れによってすぐに染料が拡散してしまう。

層流か乱流かは，流れている水の粘性力と慣性力の比から決まる。流れの中にちょっとした擾乱が生じた場合，粘性力が大きい場合には擾乱を抑止する力として働くため，擾乱は収まり層流の状態が保たれる。一方，慣性力が大きい場合には粘性が擾乱を抑制する力が弱いため，擾乱が発達して乱流となる。

流れの慣性力と粘性力の比を表す無次元量として，以下の式で表される**レイノルズ数**（Reynolds number）Re がある。

$$Re = \frac{\rho u l}{\mu} = \frac{u l}{\nu} = \frac{(慣性力)}{(粘性力)} \tag{2.47}$$

ここで，u は流れを代表する流速（代表流速），l は流れを代表する長さスケール（代表長さスケール）である。Re が大きい場合には慣性力が粘性力に比べて大きく，乱流になりやすいことを意味している。また，Re が小さい場合には粘性力が慣性力に比べて大きく，層流になりやすいことを意味している。

円管の場合には，代表流速に断面平均流速 v，代表長さスケールに直径 D を用い，次式で Re が表される。

$$Re = \frac{vD}{\nu} \tag{2.48}$$

層流と乱流を判別するための一つの目安として臨界レイノルズ数があり，円管の場合 $Re = 2\,300$ である。この値以下では，流れにいくら擾乱を与えても擾乱はやがて消滅する。よって，臨界レイノルズ数以下では流れは必ず層流となる。

〔2〕 **定常流と非定常流**　**定常流**（steady flow）とは，流速や圧力等の流れの諸量が時間的に変化しない流れである。**非定常流**（unsteady flow）とは，流れの諸量が時間的に変化する流れである。乱流の場合，局所的な視点で見れば流速や圧力等はつねに変動しているので厳密には非定常流である。しかし，流量が一定の場合には，たとえ乱流であっても断面で平均された流速や圧力は時間的に変化しないので定常流として扱うことができる。

〔3〕 **等流と不等流**　定常流の中でも流れの横断面形状が変化しない場合には場所的に流速や水深が変化しない。このように流れの方向に流速，水深，圧力などの諸量が変化しない流れを**等流**（uniform flow）という。これに対し，障害物や横断面形状の変化により，流速，水深，圧力などの諸量が場所的に変化する流れを**不等流**（non-uniform flow）という。

〔4〕 **常流と射流**　自由水面を持つ開水路流において，下流で起きた擾乱が上流に伝播するかしないかによって流れを分類することがある。水深 h に比べて波長 L が十分に長い長波（$h \ll L$）が伝わる速さ $C = \sqrt{gh}$ と流速 v の比（無次元数）を**フルード数**（Froude number）Fr と呼ぶ。

$$Fr = \frac{v}{\sqrt{gh}} = \frac{（流速）}{（長波の波速）} \tag{2.49}$$

フルード数 Fr が1より小さい場合，つまり $v < \sqrt{gh}$ の場合，下流で生じた長波の水面変化（長波性擾乱）は上流側に伝播する。このように下流から上流に擾乱が伝播する流れを**常流**（subcritical flow）と呼ぶ。一方，Fr が1より大きい場合，つまり $v > \sqrt{gh}$ の場合，下流で生じた長波性擾乱は流れによって下流側へと押し返され，上流には伝わらない。このように下流で生じた擾乱が上流に伝わらない流れを**射流**（supercritical flow）と呼ぶ。また，$Fr = 1$ のとき，流れは**限界流**（critical flow）と呼ばれる。以上をまとめるとつぎのようになる。

$$Fr < 1 \text{（常流）}, \quad Fr = 1 \text{（限界流）}, \quad Fr > 1 \text{（射流）} \tag{2.50}$$

2.2.2 水運動の記述法

水運動の物理学的な記述法について説明する。まず，質点系の力学で用いられている運動の記述法を水運動に適用した**ラグランジュの記述法**（Lagrangian specification of flow field）について説明する。ここで質点に代わる水粒子を考える。ここでいう水粒子とは多くの水分子から成り質量を持つ微小な水塊であり，力学的には質点と同等に取り扱うことができる。ラグランジュの記述法では，**図 2.15**（a）に示すように位置を $X=(X, Y, Z)$，流速を $U=(U, V, W)$，加速度を $A=(A_X, A_Y, A_Z)$ とすると，初期（$t=t_0$）に $X_0=(X_0, Y_0, Z_0)$ にあった水粒子のある時刻 t における位置，流速，加速度はそれぞれ次式のように表される。

$$X(t, X_0), \qquad V(t, X_0) = \frac{dX}{dt}, \qquad A(t, X_0) = \frac{dV}{dt} = \frac{d^2X}{dt^2} \qquad (2.51)$$

ラグランジュの記述法は，パラメータとして時刻 t と初期位置 X_0 を用い，ある特定の水粒子に着目してそれを追跡して運動を記述する方法である。

もう一つの記述法として**オイラーの記述法**（Eulerian specification of flow field）がある。これは観測点を固定して，そこを通過する水粒子の時々刻々の速度，加速度を表す方法である。図 2.15（b）に示すように観測点位置を $x=(x, y, z)$，時刻を t とすると，観測点での流速 $u=(u, v, w)$，加速度 $\alpha=(\alpha_x, \alpha_y, \alpha_z)$ は x, t の関数として以下のように表される。

$$\left. \begin{array}{l} u(x, t) = \lim\limits_{\Delta t \to 0} \dfrac{(x+\Delta x) - x}{\Delta t} = \lim\limits_{\Delta t \to 0} \dfrac{\Delta x}{\Delta t} \\[2mm] \alpha(x, t) = \lim\limits_{\Delta t \to 0} \dfrac{u(x+\Delta x, t+\Delta t) - u(x, t)}{\Delta t} \end{array} \right\} \qquad (2.52)$$

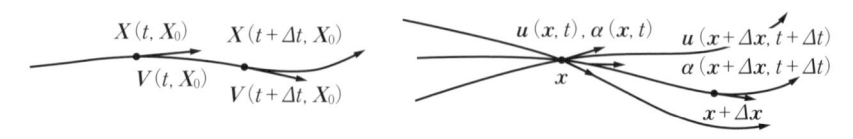

(a) ラグランジュの記述法　　　　(b) オイラーの記述法

図 2.15　流体運動の記述法

流体運動を観察する場合，ラグランジュの記述法のように無数にある流体粒子（水粒子）から特定の流体粒子を識別して追跡しながら流速などを計測することは困難な場合が多い。それに対して，オイラーの記述法に従えば，計測器を固定して，その場の流速，圧力等を計測することが容易であり，計測値と理論値を簡単に比較できる。水などの流体運動を記述する場合には，一般的にオイラーの記述法が用いられる。

　オイラーの記述法によって加速度がどのように表されるかを説明する。図2.16のように，ある時刻 t に $\boldsymbol{x}=(x, y, z)$ にあった水粒子が時間 Δt 後には $\boldsymbol{x}+\Delta\boldsymbol{x}=(x+\Delta x, y+\Delta y, z+\Delta z)$ へ移動したとする。まず，x 方向の流速 u を考えると，時間 Δt における水粒子の速度の変化 Δu は次式となる。

$$\Delta u = u(x+\Delta x, y+\Delta y, z+\Delta z, t+\Delta t) - u(x, y, z, t) \tag{2.53}$$

したがって，x 方向の加速度 a_x は次式で定義される。

$$a_x = \lim_{\Delta t \to 0} \frac{\Delta u}{\Delta t} = \lim_{\Delta t \to 0} \frac{u(x+\Delta x, y+\Delta y, z+\Delta z, t+\Delta t) - u(x, y, z, t)}{\Delta t} \tag{2.54}$$

また，テイラー展開により，$u(x+\Delta x, y+\Delta y, z+\Delta z, t+\Delta t)$ は次式のように書き表せる。

$$\begin{aligned}
& u(x+\Delta x, y+\Delta y, z+\Delta z, t+\Delta t) \\
&= u(x, y, z, t) + \Delta x \frac{\partial u}{\partial x} + \Delta y \frac{\partial u}{\partial y} + \Delta z \frac{\partial u}{\partial z} + \Delta t \frac{\partial u}{\partial t} \\
& \quad + (\text{微小項の 2 次以上の項})
\end{aligned} \tag{2.55}$$

式 (2.55) を式 (2.52) に代入すると

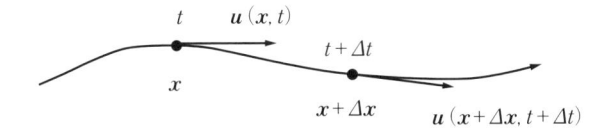

図 2.16　オイラー記述法による流体の加速度

$$\alpha_x = \lim_{\Delta t \to 0} \frac{\Delta x \frac{\partial u}{\partial x} + \Delta y \frac{\partial u}{\partial y} + \Delta z \frac{\partial u}{\partial z} + \Delta t \frac{\partial u}{\partial t} + (微小項の2次以上の項)}{\Delta t}$$

$$= \frac{\partial u}{\partial t} + \frac{\partial u}{\partial x} \lim_{\Delta t \to 0} \frac{\Delta x}{\Delta t} + \frac{\partial u}{\partial y} \lim_{\Delta t \to 0} \frac{\Delta y}{\Delta t} + \frac{\partial u}{\partial z} \lim_{\Delta t \to 0} \frac{\Delta z}{\Delta t}$$

$$+ \lim_{\Delta t \to 0} (微小項の1次以上の項)$$

$$= \frac{\partial u}{\partial t} + u \frac{\partial u}{\partial x} + v \frac{\partial u}{\partial y} + w \frac{\partial u}{\partial z} \tag{2.56}$$

となる。x-y-z 座標系におけるすべての加速度成分をまとめて書くと以下のようになる。

$$\left.\begin{aligned}\alpha_x &= \frac{\partial u}{\partial t} + u \frac{\partial u}{\partial x} + v \frac{\partial u}{\partial y} + w \frac{\partial u}{\partial z} \\ \alpha_y &= \frac{\partial v}{\partial t} + u \frac{\partial v}{\partial x} + v \frac{\partial v}{\partial y} + w \frac{\partial v}{\partial z} \\ \alpha_z &= \frac{\partial w}{\partial t} + u \frac{\partial w}{\partial x} + v \frac{\partial w}{\partial y} + w \frac{\partial w}{\partial z}\end{aligned}\right\} \tag{2.57}$$

オイラーの記述法では，つぎからつぎに通過する水粒子の速度を固定点で観測しているため，場所的な流れの変化による水粒子の加速度は式 (2.57) の右辺の第2～第4項として表される。

式 (2.57) は流速ばかりでなく，オイラー的な観察に基づくさまざまな物理量 f の時間的変化の記述にも適用され，一般に以下のように書き表される。

$$\frac{Df}{Dt} = \frac{\partial f}{\partial t} + u \frac{\partial f}{\partial x} + v \frac{\partial f}{\partial y} + w \frac{\partial f}{\partial z}$$

ここで

$$\frac{D}{Dt} \equiv \frac{\partial}{\partial t} + u \frac{\partial}{\partial x} + v \frac{\partial}{\partial y} + w \frac{\partial}{\partial z}$$

は実質微分と呼ばれる。

2.2.3 質量保存則と連続の式

水のような連続体の運動を規定する重要な法則の一つに質量保存則がある。

2.2 流水の力学

質量保存則を水の運動に適用する。オイラーの記述法を用いて質量保存を表す場合には，ある微小領域を設定して，単位時間あたりの領域内の質量収支が密度変化を引き起こすと考えている。

図 2.17 に示すような微小領域（$\Delta x \times \Delta y \times \Delta z$）を考える。まず，$x$ 方向の質量の出入りを考える。断面 I を通して時間 Δt の間に微小領域に入り込む質量は

$$\rho\left(x-\frac{\Delta x}{2}, y, z, t\right) \times u\left(x-\frac{\Delta x}{2}, y, z, t\right) \times \Delta y \times \Delta z \times \Delta t$$

$$= \left\{\rho(x, y, z, t) - \frac{\Delta x}{2}\frac{\partial \rho}{\partial x} + O(\Delta x^2)\right\} \times \left\{u(x, y, z, t) - \frac{\Delta x}{2}\frac{\partial u}{\partial x} + O(\Delta x^2)\right\} \times \Delta y \times \Delta z \times \Delta t$$

$$= \left\{\rho(x, y, z, t) u(x, y, z, t) - \frac{\Delta x}{2}\frac{\partial \rho}{\partial x}u(x, y, z, t) - \frac{\Delta x}{2}\frac{\partial u}{\partial x}\rho(x, y, z, t) + O(\Delta x^2)\right\} \Delta y\, \Delta z\, \Delta t \tag{2.58}$$

となる。一方，時間 Δt の間に断面 II から出ていく質量は

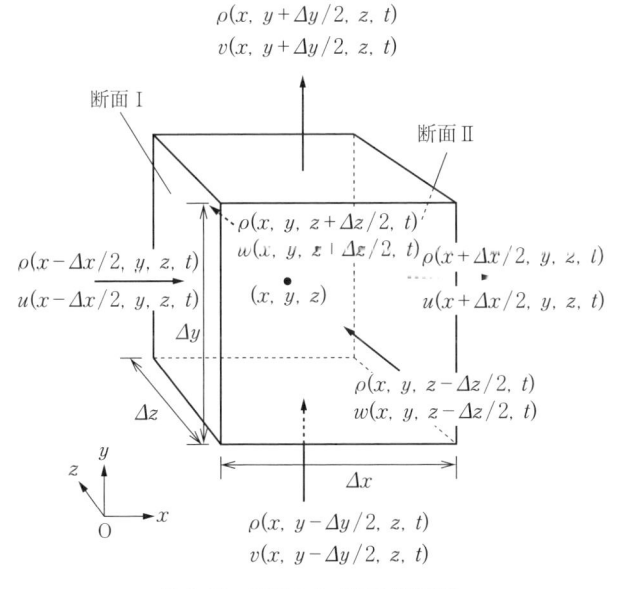

図 2.17 連続の式（質量保存則）

$$\rho\left(x+\frac{\Delta x}{2}, y, z, t\right) \times u\left(x+\frac{\Delta x}{2}, y, z, t\right) \times \Delta y \times \Delta z \times \Delta t$$

$$=\left\{\rho(x, y, z, t)+\frac{\Delta x}{2}\frac{\partial \rho}{\partial x}+O(\Delta x^2)\right\} \times \left\{u(x, y, z, t)\right.$$

$$\left.+\frac{\Delta x}{2}\frac{\partial u}{\partial x}+O(\Delta x^2)\right\} \times \Delta y \times \Delta z \times \Delta t$$

$$=\left\{\rho(x, y, z, t)u(x, y, z, t)+\frac{\Delta x}{2}\frac{\partial \rho}{\partial x}u(x, y, z, t)\right.$$

$$\left.+\frac{\Delta x}{2}\frac{\partial u}{\partial x}\rho(x, y, z, t)+O(\Delta x^2)\right\}\Delta y\, \Delta z\, \Delta t \qquad (2.59)$$

となる．式 (2.58) から式 (2.59) を差し引けば，時間 Δt 内に微小領域にとどまる質量が次式のように得られる．

$$\left\{-\Delta x\frac{\partial \rho}{\partial x}u(x, y, z, t)-\Delta x\frac{\partial u}{\partial x}\rho(x, y, z, t)+O(\Delta x^2)\right\}\Delta y\, \Delta z\, \Delta t$$

$$=\left\{-\frac{\partial(\rho u)}{\partial x}+O(\Delta x)\right\}\Delta x\, \Delta y\, \Delta z\, \Delta t \qquad (2.60)$$

y 方向，z 方向についても同様に考えて，以下の式が得られる．

$$\begin{pmatrix}y \text{方向で微小領域に}\\ \text{とどまる質量}\end{pmatrix}=\left\{-\frac{\partial(\rho v)}{\partial y}+O(\Delta y)\right\}\Delta x\, \Delta y\, \Delta z\, \Delta t \qquad (2.61)$$

$$\begin{pmatrix}z \text{方向で微小領域に}\\ \text{とどまる質量}\end{pmatrix}=\left\{-\frac{\partial(\rho w)}{\partial z}+O(\Delta z)\right\}\Delta x\, \Delta y\, \Delta z\, \Delta t \qquad (2.62)$$

よって，時間 Δt 内に微小領域にとどまる質量の総和は，式 (2.60) 〜 (2.62) の合計として次式のように与えられる．

(時間 Δt 内に微小領域にとどまる質量)

$$=\left\{-\frac{\partial(\rho u)}{\partial x}-\frac{\partial(\rho v)}{\partial y}-\frac{\partial(\rho w)}{\partial z}+O(\Delta x, \Delta y, \Delta z)\right\}\Delta x\, \Delta y\, \Delta z\, \Delta t$$
$$(2.63)$$

時間 Δt 内にとどまった質量は微小領域の密度変化を引き起こす．よって，時間 Δt の間の微小領域の質量増加は次式で表される．

(時間 Δt の間の密度変化による微小領域の質量増加)

$$= \rho(x, y, z, t+\Delta t)\Delta x\, \Delta y\, \Delta z - \rho(x, y, z, t)\Delta x\, \Delta y\, \Delta z$$

$$= \left\{\rho(x, y, z, t) + \Delta t \frac{\partial \rho}{\partial t} + O(\Delta t^2) - \rho(x, y, z, t)\right\}\Delta x\, \Delta y\, \Delta z$$

$$= \left\{\frac{\partial \rho}{\partial t} + O(\Delta t)\right\}\Delta x\, \Delta y\, \Delta z\, \Delta t \tag{2.64}$$

(時間 Δt 内の密度変化による微小領域内の質量増加) = (時間 Δt の間に微小領域にとどまる質量),つまり式 (2.63) と式 (2.64) が等しいことより

$$\left\{\frac{\partial \rho}{\partial t} + O(\Delta t)\right\}\Delta x\, \Delta y\, \Delta z\, \Delta t$$

$$= \left\{-\frac{\partial(\rho u)}{\partial x} - \frac{\partial(\rho v)}{\partial y} - \frac{\partial(\rho w)}{\partial z} + O(\Delta x, \Delta y, \Delta z)\right\}\Delta x\, \Delta y\, \Delta z$$

$$\frac{\partial \rho}{\partial t} + \frac{\partial(\rho u)}{\partial x} + \frac{\partial(\rho v)}{\partial y} + \frac{\partial(\rho w)}{\partial z} = O(\Delta x, \Delta y, \Delta z, \Delta t) \tag{2.65}$$

となる。$\Delta t \to 0$ の極限を考えると,$\Delta x \to 0$,$\Delta y \to 0$,$\Delta z \to 0$ となり,式 (2.65) は次式となる。

$$\frac{\partial \rho}{\partial t} + \frac{\partial(\rho u)}{\partial x} + \frac{\partial(\rho v)}{\partial y} + \frac{\partial(\rho w)}{\partial z} = 0 \tag{2.66}$$

この式が質量保存則を表し,**連続の式**(equation of continuity)と呼ばれる。1.2.2項〔4〕で述べたとおり,水の場合には圧力による体積変化がごくわずかであるため,密度変化を無視することができる。このような流体を**非圧縮性流体**(incompressible fluid)と呼び,逆に圧力による体積変化が大きく,密度変化を無視できない流体を**圧縮性流体**(compressible fluid)と呼ぶ。

非圧縮性流体の場合,式 (2.66) は

$$\frac{\partial u}{\partial x} + \frac{\partial v}{\partial y} + \frac{\partial w}{\partial z} = 0 \tag{2.67}$$

となる。質量保存を表す連続の式(式 (2.66))は,水の場合(非圧縮性流体の場合),式 (2.67) のような体積保存を表す式に一致する。

2.2.4 運動方程式

水の運動を規定する運動方程式について考える。ニュートンの運動の第2法

則 $F=ma$ を適用する。ここで，F は力，m は質量，a は加速度である。まず，図 2.18 に示すように点 (x, y, z) に中心を有する微小領域 $(\Delta x \times \Delta y \times \Delta z)$ を考える。この微小領域には，質量力として外力加速度 $f=(f_x, f_y, f_z)$ が作用し，面積力としては圧力のみが作用している場合を考える。

まず，x 方向のみについて力のつり合いを考えてみる。運動の第 2 法則は

$$\underbrace{\rho \Delta x\, \Delta y\, \Delta z}_{\text{質量}} \times \underbrace{\left(\frac{\partial u}{\partial t} + u\frac{\partial u}{\partial x} + v\frac{\partial u}{\partial y} + w\frac{\partial u}{\partial z}\right)}_{\text{加速度}} = \underbrace{F_x}_{\text{外力}} \tag{2.68}$$

となる。前述のように，微小領域に作用する外力 F_x は以下の二つになる。

質量力： $\rho \Delta x\, \Delta y\, \Delta z \times f_x$ \hfill (2.69)

面積力： $p\left(x-\dfrac{\Delta x}{2}, y, z, t\right)\Delta y\, \Delta z - p\left(x+\dfrac{\Delta x}{2}, y, z, t\right)\Delta y\, \Delta z$ \hfill (2.70)

式 (2.70) は，テイラー展開より以下のように書き直せる。

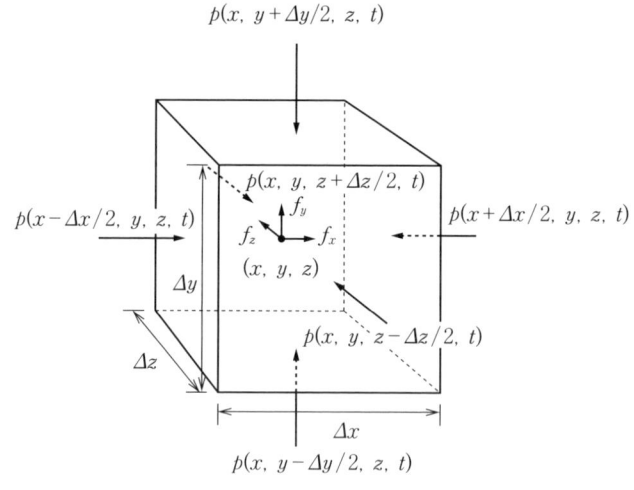

図 2.18　流体の微小領域に作用する力

$$\left\{p(x,y,z,t) - \frac{\Delta x}{2}\frac{\partial p}{\partial x} + O(\Delta x^2)\right\}\Delta y\,\Delta z - \left\{p(x,y,z,t) + \frac{\Delta x}{2}\frac{\partial p}{\partial x}\right.$$
$$\left. + O(\Delta x^2)\right\}\Delta y\,\Delta z$$
$$= \left\{-\frac{\partial p}{\partial x} + O(\Delta x)\right\}\Delta x\,\Delta y\,\Delta z \tag{2.71}$$

$\Delta x \to 0$ の極限を考えると上式は

$$\text{面積力:}\quad -\frac{\partial p}{\partial x}\Delta x\,\Delta y\,\Delta z \tag{2.72}$$

となり，外力 F_x は式 (2.69) と式 (2.72) の合計により

$$F_x = \rho\Delta x\,\Delta y\,\Delta z \times f_x - \frac{\partial p}{\partial x}\Delta x\,\Delta y\,\Delta z \tag{2.73}$$

となる。式 (2.68)（運動の第 2 法則の式）に式 (2.73) を代入すると以下の式が得られる。

$$\rho\Delta x\,\Delta y\,\Delta z \times \left(\frac{\partial u}{\partial t} + u\frac{\partial u}{\partial x} + v\frac{\partial u}{\partial y} + w\frac{\partial u}{\partial z}\right)$$
$$= \rho\Delta x\,\Delta y\,\Delta z \times f_x - \frac{\partial p}{\partial x}\Delta x\,\Delta y\,\Delta z$$

すなわち

$$\frac{\partial u}{\partial t} + u\frac{\partial u}{\partial x} + v\frac{\partial u}{\partial y} + w\frac{\partial u}{\partial z} = f_x - \frac{1}{\rho}\frac{\partial p}{\partial x} \tag{2.74}$$

となる。

　この式は，オイラーの記述法による流体粒子の運動を規定する運動方程式であり，**オイラーの運動方程式**（Euler's equations of motion）と呼ばれる。同様にして，y 方向と z 方向の運動方程式が求められる。その結果 x, y, z 方向のオイラーの運動方程式が以下のように表される。

$$\left.\begin{array}{l}\dfrac{\partial u}{\partial t}+u\dfrac{\partial u}{\partial x}+v\dfrac{\partial u}{\partial y}+w\dfrac{\partial u}{\partial z}=f_x-\dfrac{1}{\rho}\dfrac{\partial p}{\partial x}\\[4pt]\dfrac{\partial v}{\partial t}+u\dfrac{\partial v}{\partial x}+v\dfrac{\partial v}{\partial y}+w\dfrac{\partial v}{\partial z}=f_y-\dfrac{1}{\rho}\dfrac{\partial p}{\partial y}\\[4pt]\dfrac{\partial w}{\partial t}+u\dfrac{\partial w}{\partial x}+v\dfrac{\partial w}{\partial y}+w\dfrac{\partial w}{\partial z}=f_z-\dfrac{1}{\rho}\dfrac{\partial p}{\partial z}\end{array}\right\} \quad (2.75)$$

オイラーの記述法において，流体運動についての未知数は $u(x, y, z, t)$，$v(x, y, z, t)$，$w(x, y, z, t)$，$p(x, y, z, t)$ の四つであり，これに対して，方程式は連続の式（式(2.66)）とオイラーの運動方程式（式(2.75)）の合計四つであるため，四つの未知数を求めることができる。

式(2.75)のオイラーの運動方程式を導く際に面積力として圧力のみを考慮したが，実際の流体には粘性があり，面積力としてせん断応力が働く。粘性を考慮していない仮想的な流体を**完全流体**（perfect fluid）と呼び，粘性を考慮した実在の流体を**粘性流体**（viscous fluid）と呼ぶ。オイラーの運動方程式で規定される流体運動は完全流体に対するものである。

実在する流体のほとんどは粘性流体なので，粘性を考慮した運動方程式を導く必要がある。以下では，粘性流体に対する運動方程式を考える。この場合，オイラーの運動方程式を導くときの面積力に粘性によるせん断応力を加えればよい。

まず，**図 2.19** に示すような微小領域（$\Delta x \times \Delta y \times \Delta z$）の表面に作用する応力を考える。$x$ 軸に垂直な yz 平面に作用する y 方向のせん断応力を τ_{xy}，z 方向に作用するせん断応力を τ_{xz} とする。また，x 軸に垂直な yz 平面に対して x 方向に作用する応力，つまり面に対して法線方向に作用する応力は区別して $\sigma_{xx}(=-p+\tau_{xx})$ とする。

同様に y 軸に垂直な xz 平面，z 軸に垂直な xy 平面に作用する力をまとめて表記すると式(2.76)のようになる。

2.2 流水の力学

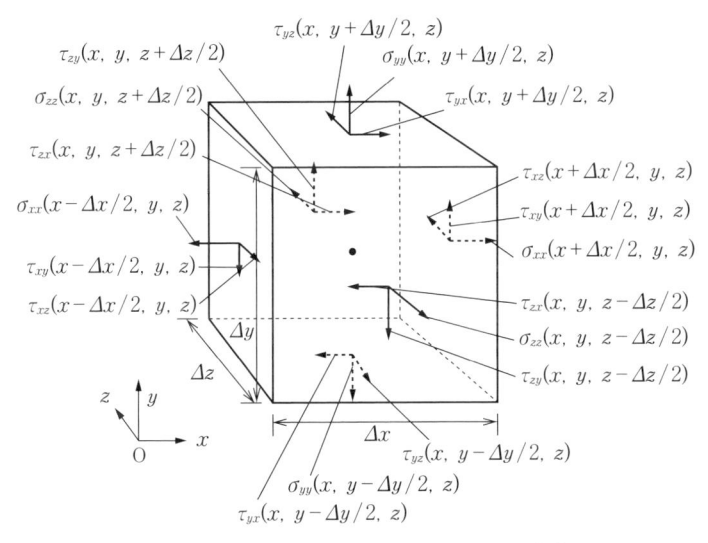

図 2.19 実在流体の微小領域に作用する面積力

$$P = \begin{pmatrix} \sigma_{xx} & \tau_{yx} & \tau_{zx} \\ \tau_{xy} & \sigma_{yy} & \tau_{zy} \\ \tau_{xz} & \tau_{yz} & \sigma_{zz} \end{pmatrix} \begin{matrix} \longrightarrow (x\,方向に作用する応力) \\ \longrightarrow (y\,方向に作用する応力) \\ \longrightarrow (z\,方向に作用する応力) \end{matrix}$$

$\longrightarrow (xy\,平面に作用)$
$\longrightarrow (xz\,平面に作用)$
$\longrightarrow (yz\,平面に作用)$

(2.76)

ここで，応力テンソルの対角成分を考える．例として z 軸まわりの回転モーメントを考える．x 軸に垂直な yz 平面に作用する応力 τ_{xy} による z 軸まわりの回転モーメントは

$$\left(\tau_{xy} - \frac{\Delta x}{2}\frac{\partial \tau_{xy}}{\partial x}\right) \times \Delta y\,\Delta z \times \frac{\Delta x}{2} + \left(\tau_{xy} + \frac{\Delta x}{2}\frac{\partial \tau_{xy}}{\partial x}\right) \times \Delta y\,\Delta z \times \frac{\Delta x}{2}$$
$$= \tau_{xy}\Delta x\,\Delta y\,\Delta z \qquad (2.77)$$

となる．同様に，y 軸に垂直な xz 平面に作用する応力 τ_{yx} による z 軸まわりの回転モーメントは作用方向を考えて，$-\tau_{yx}\Delta x\,\Delta y\,\Delta z$ となる．よって，z 軸まわりのモーメント M_z は次式となる．

$$M_z = (\tau_{xy} - \tau_{yx})\Delta x \,\Delta y\, \Delta z \tag{2.78}$$

ここで，$\Delta x \to 0$，$\Delta y \to 0$，$\Delta z \to 0$ の極限を考えると，z 軸まわりのモーメント M_z は0となる．式 (2.78) より $\tau_{xy} = \tau_{yx}$ となる．同様に $\tau_{yz} = \tau_{zy}$，$\tau_{xz} = \tau_{zx}$ となり，応力テンソルの対角成分はすべて等しくなり，面積力として作用する独立な応力は6個となる．

対象を非圧縮性のニュートン流体と仮定すると，面積力は以下のようになる．詳細は流体力学などの専門書[14)~16)]を参照していただきたい．

（法線応力）

$$\sigma_{xx} = -p + \tau_{xx} = -p + 2\mu \frac{\partial u}{\partial x}$$

$$\sigma_{yy} = -p + \tau_{yy} = -p + 2\mu \frac{\partial v}{\partial y}$$

$$\sigma_{zz} = -p + \tau_{zz} = -p + 2\mu \frac{\partial w}{\partial z}$$

（接線応力）

$$\tau_{xy} = \tau_{yx} = \mu\left(\frac{\partial v}{\partial x} + \frac{\partial u}{\partial y}\right)$$

$$\tau_{yz} = \tau_{zy} = \mu\left(\frac{\partial w}{\partial y} + \frac{\partial v}{\partial z}\right)$$

$$\tau_{zx} = \tau_{xz} = \mu\left(\frac{\partial u}{\partial z} + \frac{\partial w}{\partial x}\right)$$

$$\tag{2.79}$$

つぎに，微小領域（$\Delta x \times \Delta y \times \Delta z$）に作用する x 方向の面積力について考える．まず，x 軸に垂直な面に作用する x 方向の面積力の合計は

$$\sigma_{xx}\left(x + \frac{\Delta x}{2}, \Delta y, z, t\right) \times \Delta y\, \Delta z - \sigma_{xx}\left(x - \frac{\Delta x}{2}, y, z, t\right) \times \Delta y\, \Delta z$$

$$= \left\{\frac{\partial \sigma_{xx}}{\partial x} + O(\Delta x)\right\} \times \Delta x\, \Delta y\, \Delta z$$

となる．同様に，y 軸に垂直な面に作用する x 方向の面積力の合計は

$$\tau_{yx}\left(x, y + \frac{\Delta y}{2}, z, t\right) \times \Delta x\, \Delta z - \tau_{yx}\left(x, y - \frac{\Delta y}{2}, z, t\right) \times \Delta x\, \Delta z$$

$$= \left\{\frac{\partial \tau_{yx}}{\partial y} + O(\Delta y)\right\} \times \Delta x\, \Delta y\, \Delta z$$

となる．また，z 軸に垂直な面に作用する x 方向の面積力の合計は

$$\tau_{zx}\left(x, y, z+\frac{\Delta z}{2}, t\right) \times \Delta x\, \Delta y - \tau_{zx}\left(x, y, z-\frac{\Delta z}{2}, t\right) \times \Delta x\, \Delta y$$

$$=\left\{\frac{\partial \tau_{zx}}{\partial z} + O(\Delta z)\right\} \times \Delta x\, \Delta y\, \Delta z$$

となる。これらより微小領域に作用する x 方向のすべての力は次式となる。

$$\left(\frac{\partial \sigma_{xx}}{\partial x} + \frac{\partial \tau_{yx}}{\partial y} + \frac{\partial \tau_{zx}}{\partial z} + O(\Delta x) + O(\Delta y) + O(\Delta z)\right) \times \Delta x\, \Delta y\, \Delta z \quad (2.80)$$

上式の面積力を式 (2.68) の運動方程式に代入すると，以下のようになる．

$$\rho \Delta x\, \Delta y\, \Delta z \times \left(\frac{\partial u}{\partial t} + u\frac{\partial u}{\partial x} + v\frac{\partial u}{\partial y} + w\frac{\partial u}{\partial z}\right)$$

$$= \rho f_x \Delta x\, \Delta y\, \Delta z + \left(\frac{\partial \sigma_{xx}}{\partial x} + \frac{\partial \tau_{yx}}{\partial y} + \frac{\partial \tau_{zx}}{\partial z} + O(\Delta x) + O(\Delta y)\right.$$

$$\left. + O(\Delta z)\right) \times \Delta x\, \Delta y\, \Delta z$$

この式の両辺を $\rho \Delta x\, \Delta y\, \Delta z$ で除して $\Delta x \to 0$, $\Delta y \to 0$, $\Delta z \to 0$ の極限をとると

$$\frac{\partial u}{\partial t} + u\frac{\partial u}{\partial x} + v\frac{\partial u}{\partial y} + w\frac{\partial u}{\partial z} = f_x + \frac{1}{\rho}\left(\frac{\partial \sigma_{xx}}{\partial x} + \frac{\partial \tau_{yx}}{\partial y} + \frac{\partial \tau_{zx}}{\partial z}\right) \quad (2.81)$$

となる．上式に式 (2.79) を代入すると，以下のようになる．

$$\frac{\partial u}{\partial t} + u\frac{\partial u}{\partial x} + v\frac{\partial u}{\partial y} + w\frac{\partial u}{\partial z}$$

$$= f_x + \frac{1}{\rho}\left[\frac{\partial}{\partial x}\left(-p + 2\mu\frac{\partial u}{\partial x}\right) + \frac{\partial}{\partial y}\left\{\mu\left(\frac{\partial v}{\partial x} + \frac{\partial u}{\partial y}\right)\right\} + \frac{\partial}{\partial z}\left\{\mu\left(\frac{\partial u}{\partial z} + \frac{\partial w}{\partial x}\right)\right\}\right]$$

$$= f_x - \frac{1}{\rho}\frac{\partial p}{\partial x} + \frac{\mu}{\rho}\left\{\frac{\partial^2 u}{\partial x^2} + \frac{\partial^2 u}{\partial y^2} + \frac{\partial^2 u}{\partial z^2} + \frac{\partial}{\partial x}\left(\frac{\partial u}{\partial x} + \frac{\partial v}{\partial y} + \frac{\partial w}{\partial z}\right)\right\}$$

$$= f_x - \frac{1}{\rho}\frac{\partial p}{\partial x} + \frac{\mu}{\mu}\left(\frac{\partial^2 u}{\partial x^2} + \frac{\partial^2 u}{\partial y^2} + \frac{\partial^2 u}{\partial z^2}\right)$$

前述のようにここでは非圧縮性流体を考えているので，式 (2.67) より $\partial u/\partial x + \partial v/\partial y + \partial w/\partial z = 0$ となる．y 方向および z 方向も同様に求めることができ，これらをまとめると以下のようになる．

$$\left.\begin{array}{l}\dfrac{\partial u}{\partial t}+u\dfrac{\partial u}{\partial x}+v\dfrac{\partial u}{\partial y}+w\dfrac{\partial u}{\partial z}=f_x-\dfrac{1}{\rho}\dfrac{\partial p}{\partial x}+\dfrac{\mu}{\rho}\left(\dfrac{\partial^2 u}{\partial x^2}+\dfrac{\partial^2 u}{\partial y^2}+\dfrac{\partial^2 u}{\partial z^2}\right) \\[2mm] \dfrac{\partial v}{\partial t}+u\dfrac{\partial v}{\partial x}+v\dfrac{\partial v}{\partial y}+w\dfrac{\partial v}{\partial z}=f_y-\dfrac{1}{\rho}\dfrac{\partial p}{\partial y}+\dfrac{\mu}{\rho}\left(\dfrac{\partial^2 v}{\partial x^2}+\dfrac{\partial^2 v}{\partial y^2}+\dfrac{\partial^2 v}{\partial z^2}\right) \\[2mm] \dfrac{\partial w}{\partial t}+u\dfrac{\partial w}{\partial x}+v\dfrac{\partial w}{\partial y}+w\dfrac{\partial w}{\partial z}=f_z-\dfrac{1}{\rho}\dfrac{\partial p}{\partial y}+\dfrac{\mu}{\rho}\left(\dfrac{\partial^2 w}{\partial x^2}+\dfrac{\partial^2 w}{\partial y^2}+\dfrac{\partial^2 w}{\partial z^2}\right)\end{array}\right\}$$

(2.82)

上式は**ナビエ・ストークスの方程式**(Navier-Stokes' equation)と呼ばれ，非圧縮性粘性流体の運動方程式である。

式(2.82)に基づいて乱流の場合の運動方程式を考える。時々刻々の運動はナビエ・ストークスの方程式により記述できるが，工学的には平均流速や平均的な乱れの程度などの情報がより重要になる。そこで，乱流の時間平均量に関する方程式を導く。

まず，未知数である流速 (u, v, w)，および圧力 p を平均量と乱れ成分の和として表す。例として x 方向の流速 u について，説明を簡単にするために時刻 t のみの関数であるとして説明する。**図2.20**のように，流速計の計測値が時々刻々と変化している場合には，流速 $u(t)$ は以下のように書き表される。

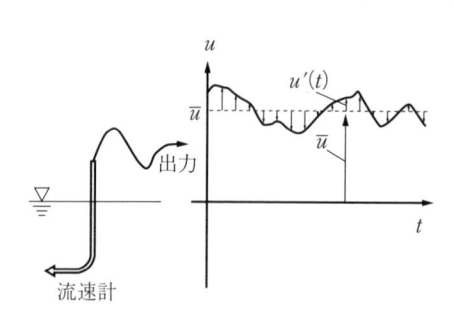

$$u(t)=\bar{u}+u'(t) \qquad (2.83)$$

図2.20 乱流における流速の計測値

ここで，$\bar{u}$ は u の時間平均値 $\left(\bar{u}=(1/T)\int_{t}^{t+T}u(t)dt\right)$，$u'(t)$ は乱れ成分の瞬間値である。上式からもわかるように，乱れ成分を時間的に平均すれば $\overline{u'(t)}=0$ となる。他の未知数も同様に表すと以下のようになる。

$$\left.\begin{array}{ll}u(t)=\bar{u}+u'(t), & v(t)=\bar{v}+v'(t) \\ w(t)=\bar{w}+w'(t), & p(t)=\bar{p}+p'(t)\end{array}\right\} \qquad (2.84)$$

つぎに，ナビエ・ストークスの方程式の時間平均をとる。まず，式(2.81)

2.2 流水の力学

は連続の式を用いれば以下のように書き改めることができる。

$$\rho\left\{\frac{\partial u}{\partial t}+u\frac{\partial u}{\partial x}+v\frac{\partial u}{\partial y}+w\frac{\partial u}{\partial z}+u\left(\frac{\partial u}{\partial x}+\frac{\partial v}{\partial y}+\frac{\partial w}{\partial z}\right)\right\}$$

$$=\rho f_x+\left(\frac{\partial \sigma_{xx}}{\partial x}+\frac{\partial \tau_{xy}}{\partial y}+\frac{\partial \tau_{xz}}{\partial z}\right)$$

$$\rho\left\{\frac{\partial u}{\partial t}+\frac{\partial(uu)}{\partial x}+\frac{\partial(uv)}{\partial y}+\frac{\partial(uw)}{\partial z}\right\}=\rho f_x+\left(\frac{\partial \sigma_{xx}}{\partial x}+\frac{\partial \tau_{xy}}{\partial y}+\frac{\partial \tau_{xz}}{\partial z}\right) \tag{2.85}$$

上式の時間平均をとれば

$$\rho\left\{\overline{\frac{\partial u}{\partial t}}+\overline{\frac{\partial(uu)}{\partial x}}+\overline{\frac{\partial(uv)}{\partial y}}+\overline{\frac{\partial(uw)}{\partial z}}\right\}=\overline{\rho f_x}+\left(\overline{\frac{\partial \sigma_{xx}}{\partial x}}+\overline{\frac{\partial \tau_{xy}}{\partial y}}+\overline{\frac{\partial \tau_{xz}}{\partial z}}\right) \tag{2.86}$$

となる。式 (2.86) において，微分操作と時間平均操作は順序を入れ替えることができるので，以下のように書き換えられる。

$$\rho\left\{\frac{\partial \overline{u}}{\partial t}+\frac{\partial \overline{(uu)}}{\partial x}+\frac{\partial \overline{(uv)}}{\partial y}+\frac{\partial \overline{(uw)}}{\partial z}\right\}=\rho f_x+\left(\frac{\partial \overline{\sigma_{xx}}}{\partial x}+\frac{\partial \overline{\tau_{xy}}}{\partial y}+\frac{\partial \overline{\tau_{xz}}}{\partial z}\right) \tag{2.87}$$

ここで，流速に関して2次の項 $\overline{uu}$, $\overline{uv}$, $\overline{uw}$ はそれぞれ以下のようになる。

$$\left.\begin{array}{l}\overline{uu}=\overline{(\overline{u}+u')(\overline{u}+u')}=\overline{u}^2+2\overline{u}u'+\overline{u'u'}=\overline{u}^2+\overline{u'u'}\\ \overline{uv}=\overline{(\overline{u}+u')(\overline{v}+v')}=\overline{\overline{u}\overline{v}}+\overline{\overline{u}v'}+\overline{u'\overline{v}}+\overline{u'v'}=\overline{\overline{u}\overline{v}}+\overline{u'v'}\\ \overline{uw}=\overline{(\overline{u}+u')(\overline{w}+w')}=\overline{\overline{u}\overline{w}}+\overline{\overline{u}w'}+\overline{u'\overline{w}}+\overline{u'w'}=\overline{\overline{u}\overline{w}}+\overline{u'w'}\end{array}\right\} \tag{2.88}$$

よって，式 (2.87) は

$$\rho\left(\frac{\partial \overline{u}}{\partial t}+\frac{\partial \overline{u}^2}{\partial x}+\frac{\partial \overline{u}\overline{v}}{\partial y}+\frac{\partial \overline{u}\overline{w}}{\partial z}+\frac{\partial \overline{u'u'}}{\partial x}+\frac{\partial \overline{u'v'}}{\partial y}+\frac{\partial \overline{u'w'}}{\partial z}\right)$$

$$=\rho \overline{f_x}+\left(\frac{\partial \overline{\sigma_{xx}}}{\partial x}+\frac{\partial \overline{\tau_{xy}}}{\partial y}+\frac{\partial \overline{\tau_{xz}}}{\partial z}\right) \tag{2.89}$$

となる。

　式 (2.89) と式 (2.81) を比較すると，時間平均することにより左辺第 5 ～ 7 項の $\overline{u'u'}$, $\overline{u'v'}$, $\overline{u'w'}$ が新たな変数として現れる。この項は乱れによる運動量輸送を表しており，後述するように乱流場を時間平均的に見た場合に微小領域

に働く付加的な応力と考えることができる。この項を右辺に移項して整理すると以下のようになる。

$$\rho\left(\frac{\partial \overline{u}}{\partial t}+\frac{\partial \overline{u}^2}{\partial x}+\frac{\partial \overline{uv}}{\partial y}+\frac{\partial \overline{uw}}{\partial z}\right)$$

$$=\rho\overline{f_x}+\frac{\partial}{\partial x}\left(\frac{\partial \overline{\sigma_{xx}}}{\partial x}-\rho\overline{u'u'}\right)+\frac{\partial}{\partial y}\left(\frac{\partial \tau_{xy}}{\partial y}-\rho\overline{u'v'}\right)+\frac{\partial}{\partial z}\left(\frac{\partial \tau_{xz}}{\partial z}-\rho\overline{u'w'}\right)$$

(2.90)

y 方向と z 方向についても同様にナビエ・ストークスの方程式の時間平均を導くことができ，これらをまとめると以下のようになる。

$$\rho\left(\frac{\partial \overline{u}}{\partial t}+\frac{\partial \overline{u}^2}{\partial x}+\frac{\partial \overline{uv}}{\partial y}+\frac{\partial \overline{uw}}{\partial z}\right)$$
$$=\rho\overline{f_x}+\frac{\partial}{\partial x}\left(\overline{\tau_{xx}}-p-\rho\overline{u'u'}\right)+\frac{\partial}{\partial y}\left(\overline{\tau_{xy}}-\rho\overline{u'v'}\right)+\frac{\partial}{\partial z}\left(\overline{\tau_{xz}}-\rho\overline{u'w'}\right)$$

$$\rho\left(\frac{\partial \overline{v}}{\partial t}+\frac{\partial \overline{uv}}{\partial x}+\frac{\partial \overline{v}^2}{\partial y}+\frac{\partial \overline{vw}}{\partial z}\right)$$
$$=\rho\overline{f_y}+\frac{\partial}{\partial x}\left(\overline{\tau_{xy}}-\rho\overline{u'v'}\right)+\frac{\partial}{\partial y}\left(\overline{\tau_{yy}}-p-\rho\overline{v'v'}\right)+\frac{\partial}{\partial z}\left(\overline{\tau_{yz}}-\rho\overline{v'w'}\right)$$

$$\rho\left(\frac{\partial \overline{w}}{\partial t}+\frac{\partial \overline{uw}}{\partial x}+\frac{\partial \overline{vw}}{\partial y}+\frac{\partial \overline{w}^2}{\partial z}\right)$$
$$=\rho\overline{f_z}+\frac{\partial}{\partial x}\left(\overline{\tau_{xz}}-\rho\overline{u'w'}\right)+\frac{\partial}{\partial y}\left(\overline{\tau_{yz}}-\rho\overline{v'w'}\right)+\frac{\partial}{\partial z}\left(\overline{\tau_{zz}}-p-\rho\overline{w'w'}\right)$$

(2.91)

ここで，$-\rho\overline{u'u'}$，$-\rho\overline{v'v'}$，$-\rho\overline{w'w'}$，$-\rho\overline{u'v'}$，$-\rho\overline{u'w'}$，$-\rho\overline{v'w'}$ は**レイノルズ応力**（Reynolds stress）と呼ばれ，乱流場を時間平均的に見たときに生じるせん断応力と考えることができる。また，式 (2.91) は**レイノルズ方程式**（Reynolds' equation）と呼ばれる。

ちなみに，非圧縮性流体の乱流に対する連続式は

$$\frac{\partial \overline{u}}{\partial x}+\frac{\partial \overline{v}}{\partial y}+\frac{\partial \overline{w}}{\partial z}=0$$

(2.92)

となる。レイノルズ方程式および連続の式から成る4個の方程式に対して，未

知数は $\bar{u}$, $\bar{v}$, $\bar{w}$, $\bar{p}$ の 4 個にレイノルズ応力 6 個が加わって計 10 個となるため，一意に未知数が決まらない。この問題を解決するためにレイノルズ応力に関するさまざまな近似解法（完結仮定）が提案されている。

2.2.5 速度ポテンシャルと流れ関数

まず，速度ポテンシャルを考える上で必要となる流体の渦運動に関する一つの指標である渦度について考える。**渦度**（vorticity）は流体運動の変形のうち回転の度合いを表し，回転角速度の 2 倍として定義される。**図 2.21** のような微小領域の点 O（z 軸）まわりの渦度を例にとれば以下のとおりである。

点 O と点 A の y 方向の流速が同じであれば y 方向にはずれが生じず，平行移動する。しかし，一般には点 O で v，点 A で $v+\Delta v$

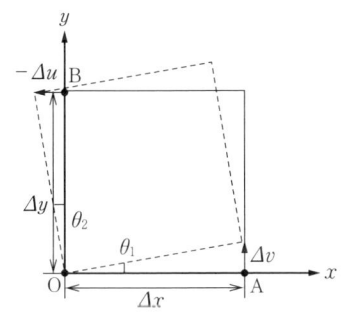

図 2.21 流体の微小領域の回転

となり，速度差 Δv に伴って点 O まわりの回転変形が生じる。つまり，単位時間に点 O に比べて点 A が Δv だけ上方にずれる。よって，点 O を中心に反時計回りに単位時間あたり角度 θ_1 だけ回転したことになる（θ_1 は回転の角速度）。

$$\theta_1 = \frac{\Delta v}{\Delta x} = \frac{\frac{\partial v}{\partial x}\Delta x}{\Delta x} = \frac{\partial v}{\partial x}$$

また，点 O と点 B の x 方向の流速差による変形を考える。反時計回りの回転を考えると，流速差 $-\Delta u$ に伴う回転角速度 θ_2 は

$$\theta_2 = -\frac{\Delta u}{\Delta y} = -\frac{\frac{\partial v}{\partial y}\Delta y}{\Delta y} = -\frac{\partial v}{\partial y}$$

である。よって，流体運動による z 軸まわりの回転角速度 Ω〔rad/s〕は

$$\Omega_z = \frac{1}{2}(\theta_1 + \theta_2) = \frac{1}{2}\left(\frac{\partial v}{\partial x} - \frac{\partial u}{\partial y}\right) \tag{2.93}$$

となる。渦度 ω_z は $\partial v/\partial x - \partial u/\partial y$ と定義され，回転角速度の2倍に相当することがわかる。x 軸まわりの渦度 ω_x，y 軸まわりの渦度 ω_y も同様にして得られ，これらをベクトル形式で表示すると以下の式となる。

$$\boldsymbol{\omega} = (\omega_x, \omega_y, \omega_z) = \left(\frac{\partial w}{\partial y} - \frac{\partial v}{\partial z}, \frac{\partial u}{\partial z} - \frac{\partial w}{\partial x}, \frac{\partial v}{\partial x} - \frac{\partial u}{\partial y} \right) \tag{2.94}$$

渦度 $\boldsymbol{\omega} \neq \boldsymbol{0}$ の場合，"渦あり流れ"，$\boldsymbol{\omega} = \boldsymbol{0}$ の場合，"渦なし流れ"と呼ぶ。渦なし流れの場合には以下の条件が成り立つ。

$$\frac{\partial w}{\partial y} = \frac{\partial v}{\partial z}, \quad \frac{\partial u}{\partial z} = \frac{\partial w}{\partial x}, \quad \frac{\partial v}{\partial x} = \frac{\partial u}{\partial y} \tag{2.95}$$

このとき，全微分方程式

$$d\phi = u\,dx + v\,dy + w\,dz \tag{2.96}$$

が成り立つ（微分方程式論の教科書[6),7)]を参照）。ここで，スカラー量 $\phi(x, y, z)$ は

$$u = \frac{\partial \phi}{\partial x}, \quad v = \frac{\partial \phi}{\partial y}, \quad w = \frac{\partial \phi}{\partial z} \tag{2.97}$$

の関係がある。スカラー量 $\phi(x, y, z)$ は**速度ポテンシャル**（velocity potential）と呼ばれ，渦なし流れのときに，速度ポテンシャルが存在し，すべての速度成分を一つの変数で表すことができる。

非圧縮性流体の連続の式（式(2.67)）を速度ポテンシャル $\phi(x, y, z)$ で表すと

$$\frac{\partial^2 \phi}{\partial x^2} + \frac{\partial^2 \phi}{\partial y^2} + \frac{\partial^2 \phi}{\partial z^2} = 0 \tag{2.98}$$

となる。上式は**ラプラス方程式**（Laplace equation）と呼ばれる。

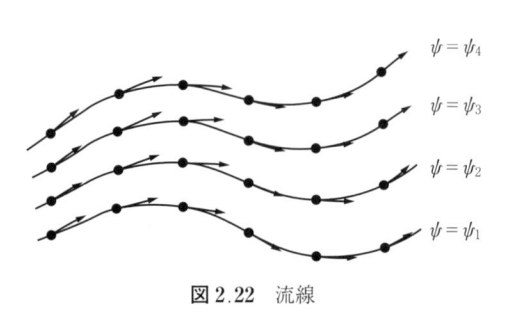

図2.22 流線

つぎに，流れ関数について述べる。xy 平面における2次元流れを考える。図2.22に示すような，各瞬間に流れ場の各点において接線方向が流速 (u, v) の方向と一致するように描かれた曲線を**流線**（stream line）と呼ぶ．流線の方程式は以下のように定義される．

$$\frac{dx}{u} = \frac{dy}{v} \quad \Rightarrow \quad v\,dx - u\,dy = 0 \tag{2.99}$$

2次元流れの連続式は

$$\frac{\partial u}{\partial x} + \frac{\partial v}{\partial y} = 0 \quad \Rightarrow \quad \frac{\partial v}{\partial y} = \frac{\partial}{\partial x}(-u) \tag{2.100}$$

となり，流線の式（式(2.99)）が完全微分方程式となるための必要十分条件となるので

$$d\psi = v\,dx - u\,dy = \frac{d\psi}{\partial x}dx + \frac{d\psi}{\partial y}dy \tag{2.101}$$

を満足するようなスカラー関数 ψ が存在することになる．ここで，ψ は**流れ関数**（stream function）と呼ばれ，$\psi = $ 一定 はある流線の解を与える．流れ関数 ψ と流速 (u, v) には以下の関係がある．

$$u = -\frac{\partial \psi}{\partial y}, \quad v = \frac{\partial \psi}{\partial x} \tag{2.102}$$

図 2.23 に示すような2本の流線 $\psi = \psi_A$ と $\psi = \psi_B$ をつなぐ任意の線分 AB を横切る流量 Q を考える．線分 AB の線素を ds とし，ds と x 軸が成す角度を θ とすると，ds を横切る流量 dQ は $dQ = u\,ds\,\sin\theta - v\,ds\,\cos\theta$ となる．よって，Q は

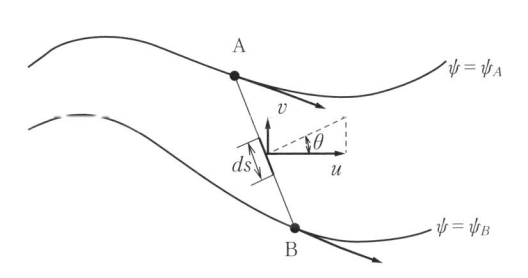

図 2.23 流線間の流量

$$Q = \int_A^B dQ = \int_A^B (u\,ds\,\sin\theta - v\,ds\,\cos\theta) = \int_A^B (u\,dy - v\,dx)$$

$$= \int_B^A \left(\frac{\partial \psi}{\partial x}dx + \frac{\partial \psi}{\partial y}dy\right) = \int_B^A d\psi = \psi_A - \psi_B \tag{2.103}$$

となる．流量 Q は点 A, B 間の経路によらず，流線間の流れ関数の差として表される．

x-y の2次元の渦なし流れを考えた場合，以下の関係が成り立つ。

$$\left.\begin{aligned} u &= \frac{\partial \phi}{\partial x} = \frac{\partial \psi}{\partial y} \\ v &= \frac{\partial \phi}{\partial y} = \frac{\partial \psi}{\partial x} \end{aligned}\right\} \tag{2.104}$$

速度ポテンシャル ϕ と流れの関数 ψ が上式を満足するとき，複素関数論におけるコーシー・リーマン（Cauchy-Riemann）の関係が満足され，ϕ と ψ は共役（conjugate）関係にある。複素関数を用いれば，以下のような複素速度ポテンシャル W を定義することができる。

$$W(z) = \phi + i\psi, \qquad z = x + iy \tag{2.105}$$

W は速度ポテンシャル ϕ を実数部，流れ関数 ψ を虚数部としている。x 軸を実数軸，y 軸を虚数軸としているので流速ベクトルは

$$\boldsymbol{v} = u + iv \tag{2.106}$$

と書き表される。ここで，複素速度ポテンシャル W を z で微分すると

$$\left.\begin{aligned} \frac{dW}{dz} &= \frac{\partial W}{\partial x} = \frac{\partial \phi}{\partial x} + i\frac{\partial \psi}{\partial x} = u - iv \\ \text{または} & \\ \frac{dW}{dz} &= \frac{\partial W}{i\partial y} = i\frac{\partial \phi}{\partial y} - \frac{\partial \psi}{\partial y} = u - iv \end{aligned}\right\} \tag{2.107}$$

となり，1回の微分で u, v が与えられる。すなわち，複素速度ポテンシャル W を z で微分すると，速度ベクトル $\boldsymbol{v}$ の共役ベクトル $\bar{\boldsymbol{v}}$ はつぎのように求まる。

$$\frac{dW}{dz} = u - iv = \bar{\boldsymbol{v}} \tag{2.108}$$

$\psi = $ 一定 の流線と $\phi = $ 一定 の**等ポテンシャル線**（equipotential line）を考える。流線に垂直なベクトルは $(\partial \psi / \partial x, \partial \psi / \partial y)$ で，等ポテンシャル線に垂直なベクトルは $(\partial \phi / \partial x, \partial \phi / \partial y)$ である。両者の内積はコーシー・リーマンの関係式から

$$\left(\frac{\partial \psi}{\partial x}, \frac{\partial \psi}{\partial y}\right) \cdot \left(\frac{\partial \phi}{\partial x}, \frac{\partial \phi}{\partial y}\right) = \frac{\partial \psi}{\partial x}\frac{\partial \phi}{\partial x} + \frac{\partial \psi}{\partial y}\frac{\partial \phi}{\partial y} = -\frac{\partial \phi}{\partial y}\frac{\partial \phi}{\partial x} + \frac{\partial \phi}{\partial x}\frac{\partial \phi}{\partial y} = 0 \tag{2.109}$$

2.2 流水の力学

となり，流線と等ポテンシャル線は直交することがわかる。速度ポテンシャル ϕ を実数軸，流れ関数 ψ を虚数軸にとった複素平面 W 上で直交する等ポテンシャル線と流線は，等角写像された複素平面 z 上でも直交する。したがって，複素解析関数を用いて等角写像を利用すれば，2 次元渦なし流れの解を求めることができることがわかる。

最も簡単な例として一様流れの場合について説明する。複素速度ポテンシャル $W(z)$ は，以下の式で表される。

$$W(z) = Uz, \quad z = x + iy \tag{2.110}$$

上式を実数部，虚数部に分けて書き直すと

$$W(z) = Ux + iUy = \phi + i\psi \tag{2.111}$$

となり，速度ポテンシャル ϕ と流れ関数 ψ は以下のようになる。

$$\phi(x, y) = Ux, \quad \psi(x, y) = Uy \tag{2.112}$$

よって，式 (2.110) は**図 2.24** のような $u = U$, $v = 0$ の x 軸に平行な一様流を表している。

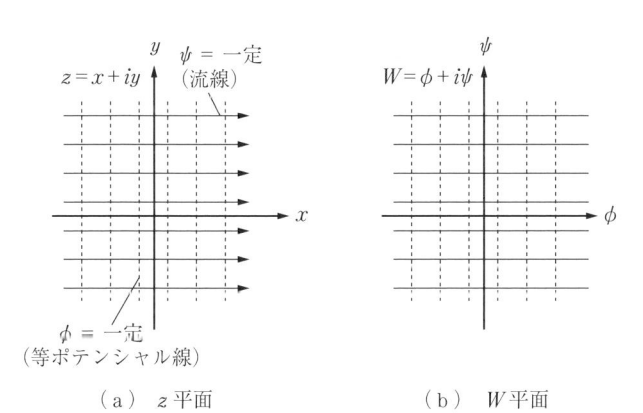

(a) z 平面　　　　　　(b) W 平面

図 2.24 一様流の複素速度ポテンシャル

2.2.6 粘性流体の力学

〔1〕 層流の場合　すでに説明したとおり，粘性流体の運動を規定するのはナビエ・ストークスの方程式である。まず，図1.5と同じように十分に長い平行平板間の層流について考える。この場合，すべての流体粒子は平板に平行に移動することになり，それ以外の方向の流速成分はない。

まず，下の平板は静止し，上の平板が一定速度Uで移動している場合を考える。図2.25に示すように，平板方向にx軸，平板に対して垂直上向きにy軸，奥行き方向にz軸をとる。原点は下の平板上にとる。上述のように$v=w=0$となるので，連続の式（式(2.67)）により$\partial u/\partial x=0$となり，uはx方向には変化しない。また，奥行き方向（z方向）には一様と仮定すると，uはyのみの関数となる。また，外力は作用せず，x方向の圧力勾配（$\partial p/\partial x$）は0とし，定常状態を仮定する。

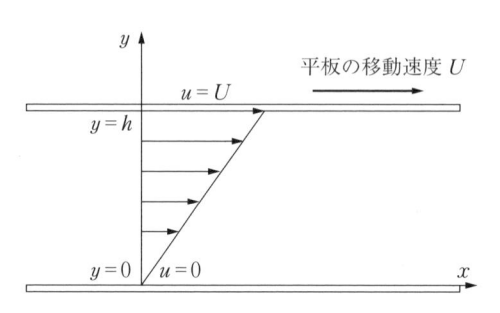

図2.25 平行平板間の層流（クエットの流れ）

以上をまとめると，以下の条件が成り立つ。

$$\left.\begin{array}{l} u=u(y), \quad v=w=0, \quad \dfrac{\partial}{\partial t}=0, \quad \dfrac{\partial}{\partial z}=0 \\ f_x=f_y=f_z=0 \end{array}\right\} \quad (2.113)$$

よって，ナビエ・ストークスの方程式（式(2.80)）は以下のようになる。

$$0=\frac{\mu}{\rho}\left(\frac{\partial^2 u}{\partial y^2}\right) \quad (2.114)$$

また，境界条件は以下のようになる。

$$\left.\begin{array}{ll} u=0 & (y=0\text{のとき}) \\ u=U & (y=h\text{のとき}) \end{array}\right\} \quad (2.115)$$

式(2.114)を積分すると

2.2 流水の力学

$$u(y) = \frac{U}{h} y \tag{2.116}$$

が得られ,流速は直線分布となる(図2.25参照).この流れは**クエットの流れ**(Couette flow)と呼ばれる(図1.5参照).

つぎに,**図2.26**に示すように上下の平板は静止し,x方向の圧力勾配のみで流れている場合を考える.この場合,以下の条件が成り立つ.

$$\left. \begin{array}{ll} u = u(y), & v = w = 0, \quad \dfrac{dp}{dx} = 一定 \\[6pt] \dfrac{\partial}{\partial t} = 0, & \dfrac{\partial}{\partial z} = 0, \quad f_x = f_y = f_z = 0 \end{array} \right\} \tag{2.117}$$

この条件より,ナビエ・ストークスの方程式は

$$0 = -\frac{1}{\rho} \frac{dp}{dx} + \frac{\mu}{\rho}\left(\frac{d^2 u}{dy^2} \right) \tag{2.118}$$

となる.また,境界条件として,次式のように上下平板で流速が0となる.

$$u = 0 \quad (y = 0, \ 2h \text{ のとき}) \tag{2.119}$$

式(2.118)を式(2.119)の境界条件の下で積分すれば,以下の流速分布が得られる.

$$u = -\frac{1}{2\mu}\left(-\frac{dp}{dx} \right)(y^2 - 2hy) \tag{2.120}$$

圧力勾配によって平板間を流れる層流の流速分布は,上式からわかるように放物線分布となる.この流れは**ハーゲン・ポアズイユの流れ**(Hagen-Poiseuille

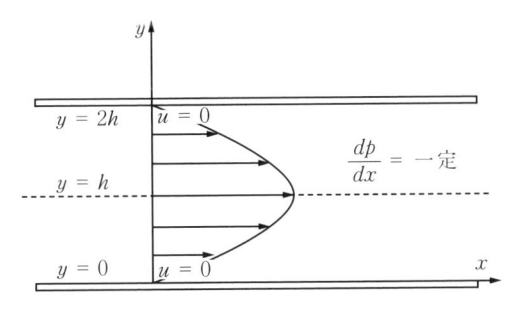

図2.26 平行平板間の流れ(ハーゲン・ポアズイユの流れ)

flow）と呼ばれる．

　円管内の層流の流速分布について考える．十分に長い直線の円管内の流れを考え，円筒座標系のナビエ・ストークスの方程式を用いれば，平行平板間の流れと同様に流速分布を求めることができる．ここでは，**図 2.27**に示すような力のつり合いから流速分布を求める．

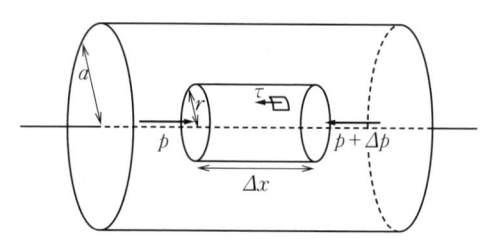

図 2.27 円管内の層流（ハーゲン・ポアズイユの流れ）

　まず，図に示すような十分に長い円管のうちの Δx 区間を切り出して考える．円管の中心位置を原点として，半径方向に r をとる．ある瞬間に半径 $r = r$，長さ Δx の円筒形の水塊に作用する力のつり合いを考える．円筒形の水塊の両端には $x = x$ で pA，$x = x + \Delta x$ で $-(p + \Delta p)A$ の圧力が作用している．また，流体の粘性により，円筒形水塊の側壁には $-\tau S \Delta x$ のせん断力が作用している．ここで，$A\ (= \pi r^2)$ は円筒形水塊の断面積，$S\ (= 2\pi r)$ は断面の円の周長である．このとき次式が成り立つ．

$$pA - (p + \Delta p)A - \tau S \Delta x = 0 \tag{2.121}$$

また，ニュートン流体を仮定すると作用するせん断応力は $\tau = -\mu du/dr$ なので上式は

$$\mu \frac{du}{dr} = \frac{\Delta p}{\Delta x} \frac{A}{S} = \frac{\Delta p}{\Delta x} \frac{r}{2} \tag{2.122}$$

となる．流れ方向（x 方向）の圧力勾配が一定の場合，$\Delta p/\Delta x = dp/dx =$ 一定 である．境界条件として「$r = a$（管壁面）で $u = 0$」を考慮して，式 (2.122) を積分すれば

$$u = \frac{1}{4\mu}\left(-\frac{dp}{dx}\right)(a^2 - r^2) \tag{2.123}$$

となる．円管内の層流の流速分布は平板間の圧力勾配による層流の流速分布と同じく放物線分布となり，円管の場合の流れもハーゲン・ポアズイユの流れと

呼ばれる。最大流速 u_{max} は円管の中心で生じ

$$u_{max} = \frac{1}{4\mu}\left(-\frac{dp}{dx}\right)a^2 \tag{2.124}$$

となる。また，流量 Q は流速を全断面内で積分して

$$Q = \int_0^a u \times 2\pi r dr = \int_0^a \frac{1}{4\mu}\left(-\frac{dp}{dx}\right)(a^2 - r^2) \times 2\pi r dr$$

$$= \frac{\pi}{2\mu}\left(-\frac{dp}{dx}\right)\left[\frac{a^2 r^2}{2} - \frac{r^4}{4}\right]_0^a = \frac{\pi}{8\mu}\left(-\frac{dp}{dx}\right)a^4 \tag{2.125}$$

となる。断面平均流速 v は $v = Q/A$ より

$$v = \frac{Q}{A} = \frac{\frac{\pi}{8\mu}\left(-\frac{dp}{dx}\right)a^4}{\pi a^2} = \frac{1}{8\mu}\left(-\frac{dp}{dx}\right)a^2 \tag{2.126}$$

となり，式 (2.124) との比較から最大流速 u_{max} の半分であることがわかる。

〔2〕**乱流の場合**　乱流の場合の平均流速分布を考える。乱流の運動方程式であるレイノルズ方程式 (式 (2.91)) が基本式となる。2.2.4項で述べたとおり，レイノルズ方程式では，未知数として新たにレイノルズ応力が加わるため方程式よりも未知数の方が多く，そのままでは解くことができない。レイノルズ応力を平均流と関係づけることができれば未知数を減らすことができ，解が得られる。

まず，レイノルズ応力 $-\rho\overline{u'v'}$ について考える。**図2.28** に示すような平均流速分布であるとする。$y = y$ にある水塊に y 方向に乱れ成分 $v' (> 0)$ が生じて，x 方向の流速 u を維持したまま水塊の位置が $y = y$ から $y = y + l$ に移動し，そこで周囲の水塊と融合したとする。そのとき周囲の流速に比べて u' (< 0) の速度差が生じ，これが乱れ成分をもたらす。この乱れによって上方に移動した水塊は周囲の水塊より速度が遅くなり，周囲の水塊に対して流れを引き止めようとする力が

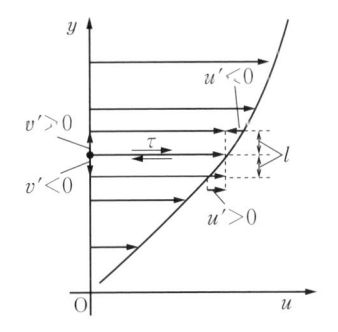

図2.28 レイノルズ応力の概念図

作用する。逆に$y=y$にあった水塊が下方に移動した場合には$v'<0$となり，$y=y-l$に移動して$u'>0$となる。この場合，周囲の水塊より速いため，周囲の水塊を速くしようとする力が作用する。実際に平均流速分布が図2.28のように正の流速勾配（$du/dy>0$）を持っている場合には，相関$\overline{u'v'}$が負の値となる。

以上のような乱れによる水塊の運動量輸送によって生じる作用は，気体分子の熱運動による平均自由行程によって生じる粘性と同様に考えることができる。つまり，レイノルズ応力$-\rho\overline{u'v'}$は，乱れによって運動量が輸送されるため，平均的に周囲の流体に対してせん断応力として作用すると考えることができる。よって，レイノルズ応力を分子粘性によるせん断応力と同様の形式で表記すると，$\tau_t = \rho\varepsilon d\overline{u}/dy$と表される。ここで，$\varepsilon$は**渦動粘性係数**（eddy kinematic viscosity）と呼ばれ，分子運動による動粘性係数ν（$=\mu/\rho$）を分子動粘性係数と呼んで両者を区別する。結局，乱流の場合のせん断応力は

$$\frac{\tau}{\rho} = \nu\frac{d\overline{u}}{dy} - \overline{u'v'} = (\nu+\varepsilon)\frac{d\overline{u}}{dy} \qquad (2.127)$$

と書き表される。上式により，レイノルズ応力$-\rho\overline{u'v'}$は平均流と関係づけることができる。一般に，乱流の場合には，$\nu\gg\varepsilon$となり，せん断応力に対しては渦動粘性係数のほうが分子動粘性係数よりもはるかに支配的となることが多く，分子動粘性の効果を近似的に無視することができる。

分子動粘性係数νは流体の物性定数であるのに対して，渦動粘性係数εは乱流の状態によって決まる変数であり，εに関しても平均流との関連づけが必要となる。まず，上記のように，乱れ成分u'，v'は平均流速の速度勾配によって生じ，平均速度勾配に比例すると考えられるので以下のように書き表される。

$$u' \propto l\frac{d\overline{u}}{dy}, \qquad v' \propto l\frac{d\overline{u}}{dy}$$

このとき，レイノルズ応力$-\rho\overline{u'v'}$は次式のように表される。

$$-\rho\overline{u'v'} = \rho l^2 \left|\frac{d\overline{u}}{dy}\right|\frac{d\overline{u}}{dy} \qquad (2.128)$$

ここで，平均流速勾配の一つに絶対値記号が付いているのは，流れと力の方向を考慮するためである。l は混合距離と呼ばれることから，式 (2.128) を**プラントルの混合距離理論**（Prandtl's mixing-length theory）と称する。渦動粘性係数 ε は次式のようになる。

$$\varepsilon = l^2 \left| \frac{d\bar{u}}{dy} \right| \tag{2.129}$$

混合距離 l は壁近傍では壁からの距離 y に比例すると考えられ，$l = \kappa y$ で表される。実験によって係数 $\kappa = 0.4$ が得られており，κ はカルマン定数と呼ばれる。

円管内の乱流の平均流速分布について考える。まず，壁面でのせん断応力を τ_0 とする。壁近傍ではせん断応力 τ は壁面でのせん断応力 τ_0 にほぼ等しいと考えられる。よって，次式が成り立つ。

$$\frac{\tau}{\rho} = \frac{\tau_0}{\rho} = l^2 \left(\frac{du}{dy} \right)^2 \tag{2.130}$$

また，τ_0/ρ は速度の2乗の次元を持っており，壁面での摩擦を表す量として

$$u_* \equiv \sqrt{\frac{\tau_0}{\rho}} \tag{2.131}$$

が定義され，**摩擦速度**（friction velocity）と呼ばれる。よって，式 (2.130) は

$$\frac{d\bar{u}}{dy} = \frac{u_*}{\kappa y} \tag{2.132}$$

となり，上式を積分すると，積分定数を C として

$$\frac{\bar{u}(y)}{u_*} = \frac{1}{\kappa} \ln y + C \tag{2.133}$$

となる。境界条件として $y = y_0$ で $u = 0$ とおくと，上式は

$$\frac{\bar{u}(y)}{u_*} = \frac{1}{\kappa} \ln \frac{y}{y_0} \tag{2.134}$$

となる。これは壁面近傍という仮定，つまり，$l = \kappa y$ および $\tau = \tau_0$ の仮定で導かれているが，実際には壁面のごく近傍を除いて大部分の領域で成り立つ。上式からわかるように円管内の乱流の平均流速分布は対数関数で表される。式 (2.134) を**プラントル・カルマンの対数分布則**（Prandtl-Kármán logarithmic distribution of velocity）という。

壁面のごく近傍では乱流成分は抑えられ，乱流によるせん断応力よりも分子粘性によるせん断応力のほうが卓越する。式（2.127）より，以下のようになる。

$$\tau_0 = \mu \frac{d\bar{u}}{dy} \tag{2.135}$$

上式より

$$\frac{d\bar{u}}{dy} = \frac{1}{\nu}\frac{\tau_0}{\rho} = \frac{1}{\nu}u_*^2 \tag{2.136}$$

となり，$y=0$ で $u=0$ という境界条件の下でこの式を積分すると，次式のようにクエットの流れと同様の直線分布が得られる。

$$\frac{\bar{u}(y)}{u_*} = \frac{u_* y}{\nu} \tag{2.137}$$

この流速分布が成り立つ壁面のごく近傍の領域を**粘性底層**（viscous sublayer）と呼ぶ。

2.2.7 エネルギー保存則とベルヌーイの定理

水の流れのエネルギー保存について考える。質点系の力学の場合のエネルギー保存則は運動エネルギーと位置エネルギーの和が $E=(1/2)mv^2+mgz=$ 一定と表される。ここで，m は質量，v は速度，z は基準面からの高さ，g は重力加速度である。流体の場合は連続体であり，個々の質点を考えることができないので，図 2.29 に示すような流管を考え

断面Ⅰを通して流れ込む運動エネルギー $\frac{1}{2}(\rho_0 v_1 A_1) v_1^2$ 断面積 A_1

断面Ⅱを通して流れ出る運動エネルギー $\frac{1}{2}(\rho_0 v_2 A_2) v_2^2$ 断面積 A_2

エネルギーの基準線 $(z=0)$

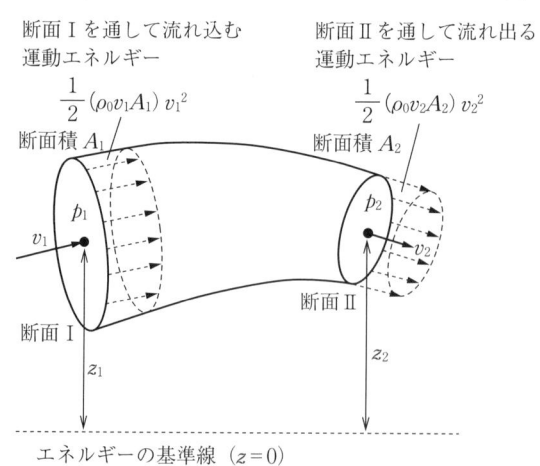

図 2.29 エネルギー保存則（ベルヌーイの定理）

2.2 流水の力学

ると,流れのエネルギー保存則は流管の断面ⅠとⅡでのエネルギーが等しいことになる。流管とは流れの中の流線群でできた管であり,流線の定義により流管を横切る流れはない。

まず,単位時間に断面Ⅰを通過する水塊の持つ運動エネルギーは,$(1/2)mv_1^2 = (1/2)(\rho_0 v_1 A_1)v_1^2$,位置エネルギーは$mgz_1 = (\rho_0 v_1 A_1)gz_1$となる。また,単位時間に圧力$p_1$がなす仕事量は$p_1 A_1 v_1$となる。ここで,$m$は断面Ⅰを単位時間に通過する質量,$v_1$は断面Ⅰでの平均流速,$p_1$は断面Ⅰでの圧力,$\rho_0$は水の密度,$A_1$は断面Ⅰの断面積である。同様にして,断面Ⅱにおいて単位時間に通過する水塊の持つエネルギーも求めることができる。断面Ⅰ-Ⅱ間でエネルギー損失がない場合には,単位時間に各断面を通過する水塊の持つエネルギーは等しいので

$$\frac{1}{2}(\rho_0 v_1 A_1)v_1^2 + (\rho_0 v_1 A_1)gz_1 + p_1 A_1 v_1$$
$$= \frac{1}{2}(\rho_0 v_2 A_2)v_2^2 + (\rho_0 v_2 A_2)gz_2 + p_2 A_2 v_2 \tag{2.138}$$

となる。ここで連続の式より$A_1 v_1 = A_2 v_2$であることから,単位時間に各断面を通過する重量は等しく$\rho_0 A_1 v_1 g = \rho_0 A_2 v_2 g$となる。上式(2.138)を単位時間に通過する重量で除すと以下の式が求まる。

$$\frac{v_1^2}{2g} + z_1 + \frac{p_1}{\rho_0 g} = \frac{v_2^2}{2g} + z_2 + \frac{p_2}{\rho_0 g} \tag{2.139}$$

この式が水理学におけるエネルギー保存則であり,**ベルヌーイの定理**(Bernoulli's principle)と呼ばれる。一般的には以下のように記述される。

$$E = \frac{v^2}{2g} + z + \frac{p}{\rho_0 g} = 一定 \tag{2.140}$$

ベルヌーイの定理の各項は水の単位重量あたりの各エネルギーに相当し,水柱の高さに換算して表されているので**水頭**(head)と呼ばれる。各項はそれぞれ**速度水頭**(velocity head)($v^2/2g$),**位置水頭**(potential head)(z),**圧力水頭**(pressure head)($p/\rho_0 g$)と呼ばれ,水頭の総和Eは**全水頭**(total head)と呼ばれる。

流管を考えて説明したことからもわかるとおり，ベルヌーイの定理は同一の流線上で成り立つものであり，全水頭の値は流線ごとに異なる。また，式 (2.140) は完全流体を仮定しており，実在の流体では粘性等によるエネルギーの損失が生じる。

例題 2.1

水流の中に図 2.30 のような先端（点 A）と側壁の点 B に小さな孔の空いた細い管があり，それぞれの孔は管によって鉛直管につながっており，静水で満たされている。図で，ρ_0 は水の密度，v_O は点 O での流速，p_A, p_B はそれぞれ点 A, B での圧力，h_A, h_B はそれぞれ点 A, B での全水頭である。このとき，点 O での流速 v_O を求めよ。この装置は**ピトー管**（Pitot tube）と呼ばれ，ベルヌーイの定理に基づいて流速の計測に用いられる。

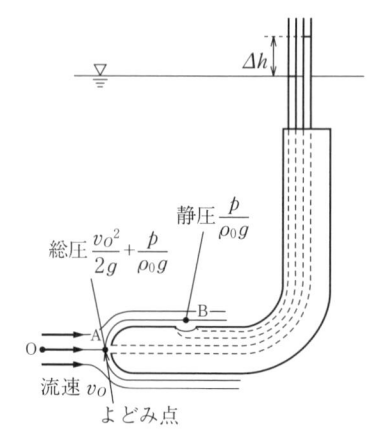

図 2.30 ピトー管

解答

図に示すように細管の先端の小孔では流れが止まる**よどみ点**（stagnation point）となり，よどみ点から少し離れた位置では管に沿って分かれて流れていく。点 O とよどみ点である点 A でベルヌーイの定理を適用すると，点 O での流速と圧力をそれぞれ v_O, p_O，点 A での圧力を p_A として

$$\frac{v_O^2}{2g} + \frac{p_O}{\rho_0 g} = \frac{p_A}{\rho_0 g} = h_A$$

となる。点 A での圧力水頭は点 O での流れの速度水頭と圧力水頭の和となるため，よどみ点での圧力 p_A を**総圧**（total pressure）と呼ぶ。また，ピトー管は細管であるために流れを乱さず，側壁に空いた小孔では周囲の流速とほぼ同じ流速 v_O で流れる。よって，点 O と点 B でベルヌーイの定理を適用すると，点 B での圧力を p_B として

$$\frac{v_O^2}{2g}+\frac{p_O}{\rho_0 g}=\frac{v_O^2}{2g}+\frac{p_B}{\rho_0 g} \quad \Rightarrow \quad \frac{p_O}{\rho_0 g}=\frac{p_B}{\rho_0 g}=h_B$$

となる．このときの圧力 p_B を**静圧**（static pressure）と呼ぶ．ちなみに，$\rho_0 v_O^2/2$ は**動圧**（dynamic pressure）と呼ばれる．

上記の両式から流速 v_O は

$$v_O=\sqrt{2g(h_A-h_B)}=\sqrt{2g\Delta h}$$

で求まる．つまり，ピトー管は総圧による圧力水頭と静圧による圧力水頭差を計測することにより流速を求める計測機器である．

2.2.8 運動量の定理

質点系の力学における**運動量の定理**（momentum theorem）は，「着目している質点の運動量が時間 T の間に変化したとすると，その運動量の変化量は力積に等しい」ということである．質量 m，速度 v_1 で等速運動している質点に力 F が時間 T だけ作用して速度が v_2 に変化したとすると

$$m\boldsymbol{v}_2-m\boldsymbol{v}_1=\boldsymbol{F}\cdot T \tag{2.141}$$

と表される．水理学では，ある領域（検査領域）を設定して，その検査領域内を単位時間あたりに出入りする運動量の収支が，その検査領域内の水塊に作用する力 F になるという考え方をする．図 2.31 のような検査領域を考え，その検査領域内の水塊に力 F が作用しているとする．単位時間に検査領域に流れ込む質量は $\rho_0 A_1 v_1=\rho_0 Q$，つまり，流れ込む流量 Q に水の密度 ρ_0 をかけた値となる．同様に，検査領域から流れ出る質量は

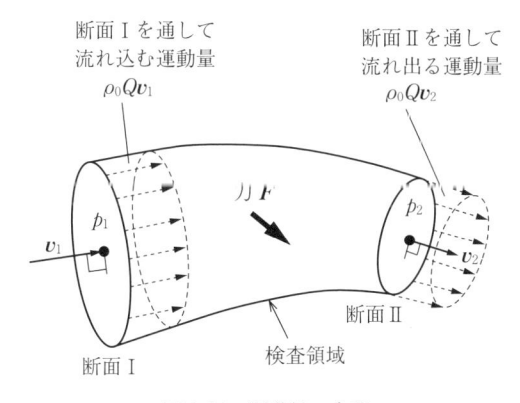

図 2.31 運動量の定理

$\rho_0 Q$ なので，運動量の定理は

$$\rho_0 Q v_2 - \rho_0 Q v_1 = F \tag{2.142}$$

となる。上式が水理学で用いられる運動量の定理である。

例題 2.2

図 2.32 のようなホースの先につけられたノズルが水から受ける力を運動量の定理を用いて求めよ。ここで，v, p, A はそれぞれ平均流速，圧力，断面積であり，添字 1, 2 は断面 I, II の諸量を意味している。

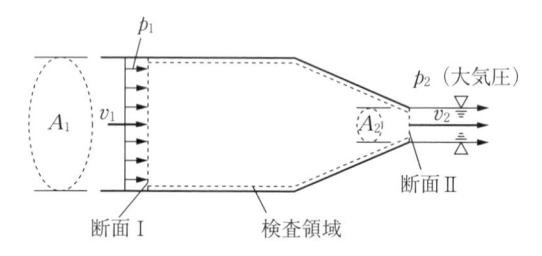

図 2.32 ノズルに作用する力

解答

検査領域を図に示す断面 I と II で囲まれる領域に設定すると，運動量の定理は以下のようになる。

$$\rho_0 Q v_2 - \rho_0 Q v_1 = F + p_1 A_1 \tag{2.143}$$

ここで，ρ_0 は水の密度，Q は流量である。ノズルから検査領域を通過する水塊が受ける力が F なので，ノズルが水から受ける力はその反作用として $-F$ となる。よって，ノズルが水から受ける力 F_n は

$$F_n = \rho_0 Q v_1 - \rho_0 Q v_2 + p_1 A_1 \tag{2.144}$$

となる。ここでベルヌーイの定理を断面 I と II に適用すると，$z_1 = z_2$ より

$$\frac{v_1^2}{2g} + \frac{p_1}{\rho_0 g} = \frac{v_2^2}{2g} + \frac{p_2}{\rho_0 g}$$

となる。圧力 p_2 は大気圧で 0 となるため，圧力 p_1 は

$$p_1 = \frac{\rho_0}{2}\left(v_2^2 - v_1^2\right) \tag{2.145}$$

となる。式 (2.145) を式 (2.144) に代入すると

$$F_n = \rho_0 A_1 v_1^2 - \rho_0 A_1 v_1 v_2 + \frac{\rho_0}{2} A_1 \left(v_2^2 - v_1^2\right) = \frac{\rho_0}{2} A_1 (v_2 - v_1)^2$$

となる.また,連続の式より $v_2 = (A_1/A_2)v_1$ となるので,ノズルが水から受ける力 F_n は

$$F_n = \frac{\rho_0}{2} A_1 v_1^2 \left(\frac{A_1}{A_2} - 1\right)^2$$

となる.

例題2.3

図2.33のように,水平面内($z_1 = z_2$)で壁が滑らかに90°曲がっていて,そこにノズルから放出された水がその壁に沿って流れる場合を考える.図で,v_1, v_2 はそれぞれ断面Ⅰ,Ⅱでの平均流速,F(成分表示:(F_x, F_y))は壁が水から受ける力である.このとき,壁が水から受ける力 F_x, F_y を求めよ.

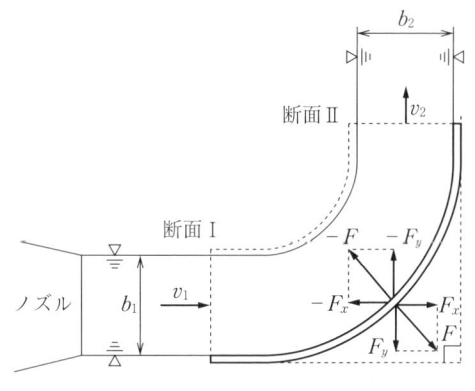

図2.33 ブレードに作用する力

解答

検査領域を断面Ⅰから断面Ⅱまでの領域と設定する.検査領域を通過する水には壁から受ける x 方向の力 F_x, y 方向の力 F_y が作用している.また,断面Ⅰ,Ⅱには圧力が作用しているが,水塊自体が大気に触れているため大気圧に等しく0となる.x 方向,y 方向の運動量を考えると以下の式が得られる.

x 方向: $0 - \rho_0 Q v_1 = F_x$, y 方向: $\rho_0 Q v_2 - 0 = F_y$

よって,検査領域を通過する水塊は壁から,$F_x = -\rho_0 Q v_1$, $F_y = \rho_0 Q v_2$ の力を受けており,逆に反作用として壁は水塊から,$F_x = \rho_0 Q v_1$, $F_y = -\rho_0 Q v_2$ の力を受けていることがわかる.

演習問題

〔2.1〕 図2.34に示すように,幅 $B=2$ m の止水壁の両側に水深 $h_1=5$ m,$h_2=2$ m の水がある。このとき,止水壁に作用する全水圧とその作用位置を求めよ。

〔2.2〕 図2.35に示すような貯水池の中で,厚さ2mの油(比重 $\gamma_{oil}=0.8$)の層が水の層の上にある場合,止水壁に作用する全水圧およびその作用位置を求めよ。

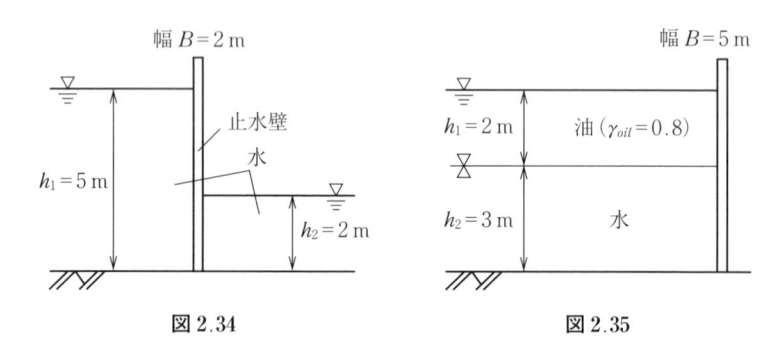

図2.34

図2.35

〔2.3〕 図2.36に示すように,容器に入った水銀の表面が大気に接している状態で,水面にガラスの細管を鉛直に立てる。細管の端部は閉じられており,真空状態になっている。水銀の上昇高さが $h=760$ mm のとき,大気圧 p_a を求めよ。

〔2.4〕 図2.37に示す差圧計において,$h_1=30$ cm,$h_2=30$ cm,$\Delta h=10$ cm となった。ベンゼンの比重 $\gamma_B=0.88$ であるとき,圧力 p_A-p_B を求めよ。

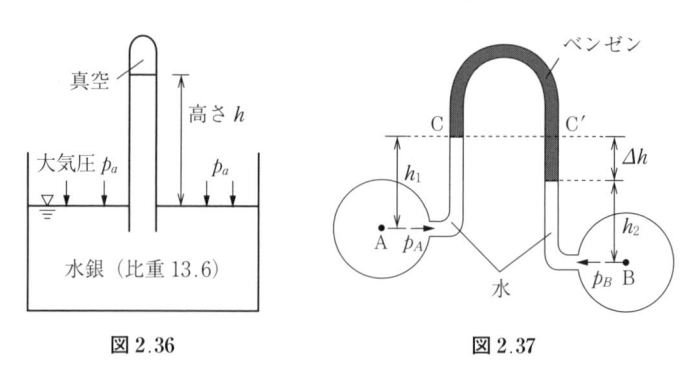

図2.36

図2.37

演 習 問 題

〔2.5〕 図 2.38 に示すような長さ 10 m, 幅 5 m, 高さ 3 m, 壁の厚さ 0.3 m の中空ケーソンがある。海水に浮かべた場合の中空ケーソンの安定性を調べよ。ただし，海水の比重 $\gamma_S = 1.03$，中空ケーソンの比重 $\gamma_C = 2.45$ とする。

〔2.6〕 水路床勾配 i（$= \tan \theta$）の開水路（図 2.39）がある。水深 h の等流かつ層流であるとき，重力 g とせん断応力 τ がつり合っている。このときの流速分布を導け。

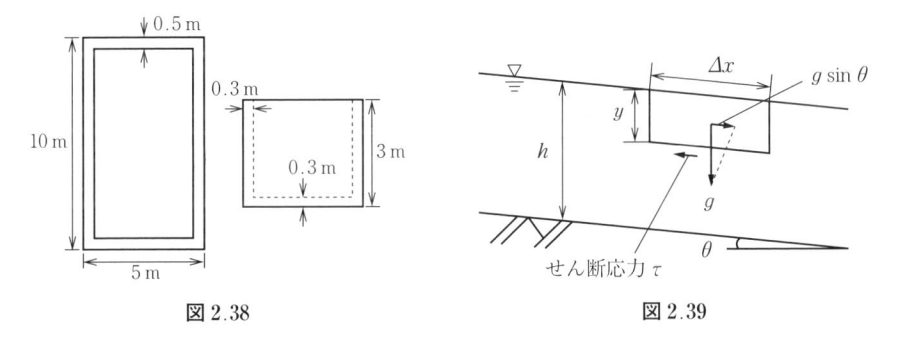

図 2.38

図 2.39

〔2.7〕 図 2.40 に示すようにノズルから噴出した水が，角度 60°傾いた板に衝突するとき，壁に垂直に作用する力 F を求めよ。壁に平行な方向には力は働かないものとする。また，$b_0 = 20$ cm, $v_0 = 10$ m/s とし，奥行き方向には一様と仮定する。

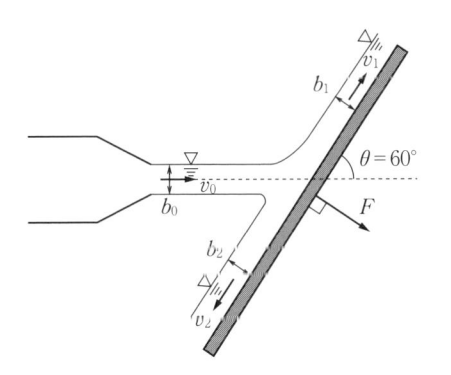

図 2.40

3章 管路流

◆本章のテーマ

　本章では上水道管の設計などにおいて必要となる管路内の水流の特性を学習する。管路流れの特性量である流速，圧力を求めるために連続の式，およびエネルギー保存則であるベルヌーイの式の適用法を理解する。特に，実際の管路流においては摩擦によるエネルギー損失および管形状によるエネルギー損失が生じるため，エネルギー損失を考慮したベルヌーイの式の適用法を理解する。また，上水道のように管路が分岐したり，合流したりするような管網の計算法を習得する。

◆本章の構成（キーワード）

3.1 管路定常流の基本的事項
　　　管路定常流におけるベルヌーイの定理，連続の式
3.2 摩擦によるエネルギー損失
　　　摩擦損失，流体抵抗，ダルシー・ワイスバッハの損失水頭
3.3 管形状によるエネルギー損失
　　　管形状によるエネルギー損失，急拡，出口，急縮，入口，曲がり損失，漸拡・漸縮による損失，バルブによる損失
3.4 複雑な管路
　　　タービン，ポンプ，サイフォン，ベンチュリーメータ，分岐管・合流管，管網計算

◆本章を学ぶと以下の内容をマスターできます

☞ 管路定常流における連続の式とベルヌーイの式の適用法
☞ 管路流におけるエネルギー損失の種類と取り扱い
☞ 複雑な管路流の計算法

3.1 管路定常流の基本的事項

3.1.1 管路定常流におけるベルヌーイの定理

管路流（pipe flow）とは水道管のような管路内を水が満水状態で流れているときの流れの状況であり，自由表面を持たない流れである。管路内の流れでも，満水状態ではなく自由表面が存在する場合は開水路流となる。**図 3.1** のような管路内を水が流れ，流量 Q が時間的に変化しない場合（定常状態）を考える。2 章で述べたように，流れの状態には層流と乱流があり，レイノルズ数 $Re = \rho_0 vD/\mu$（ρ_0 は水の密度，v は断面平均流速，D は管の直径）でそれらを判別できることを説明した。通常の管路流の臨界レイノルズ数は $Re = 2\,300$ である。例えば，管の直径が $D = 0.5\,\mathrm{m}$，水の密度 $\rho_0 = 1\,000\,\mathrm{kg/m^3}$，粘性係数 $\mu = 0.000\,890\,\mathrm{Pa\cdot s}$（水温 25 ℃のとき）とすると，流速 v は約 $0.004\,1\,\mathrm{m/s}$（$= 0.41\,\mathrm{mm/s}$）となり，非常にゆっくりとした流れとなる。よって，通常の管路流は乱流状態で流れていると考えてもよい。

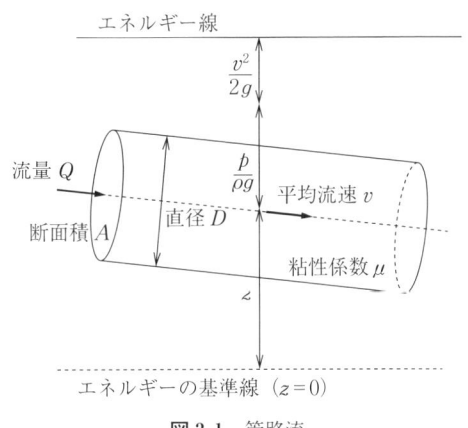

図 3.1 管路流

管路定常流にベルヌーイの定理を適用する。ベルヌーイの定理は同一流線上での速度水頭，位置水頭，圧力水頭を用いて成立するが，管路流の場合には断面平均値を用いた速度水頭，位置水頭，圧力水頭を用いてベルヌーイの定理を適用する。圧力に関してはある断面内でほぼ一様とみなしてよく，また位置水頭に対して中心位置（断面図心位置）となり，これまで用いた位置水頭，圧力水頭をそのまま使える。速度水頭に関して速度に断面平均流速を使う場合には，流速分布が非一様であることを考慮してつぎのような補正が必要になる。

3. 管路流

$$（速度水頭）= \alpha \frac{v^2}{2g}, \quad \alpha = \frac{\int_A u^3 dA}{v^3 A}$$

ここで，A は断面積，v は断面平均流速（$v = Q/A$），u は断面内の各点における流速であり，α はエネルギー補正係数である．通常，エネルギー補正係数は $\alpha \fallingdotseq 1.0$ とみなすことができるので，ベルヌーイの定理は，速度水頭，位置水頭，圧力水頭を加えた全水頭を E_T として以下のような式となる．

$$E_T = \frac{v^2}{2g} + z + \frac{p}{\rho_0 g} = 一定 \tag{3.1}$$

ここで，z はエネルギーの基準線から断面中心までの高さ，p は圧力，ρ_0 は水の密度，g は重力加速度である．前章でも述べたとおり，上式の各項は単位体積重量あたりのエネルギーを表しており，各項の持っているエネルギーを水柱の高さに換算して表したものと考えることができる．図3.1には E_T を連ねた線（**エネルギー線**（energy line））を図示しているが，式 (3.1) はエネルギー保存則であるためにエネルギー線の高さは一定となる．

3.1.2 管路定常流における連続の式

連続式は"質量保存則"であることはすでに説明した．基本的な考え方は，「ある領域に流れ込む質量から流れ出る質量を差し引いた量が，その領域の単位時間あたりの密度変化に対応する」ということである．

管路流の連続式を考えるとき，**図3.2**に示すような管路の一部を取り出して，この領域での質量の収支を考える．ここで，v_A, ρ_A はそれぞれ断面Aでの平均流速，水の密度，v_B, ρ_B はそれぞれ断面Bでの平均流速，水の密度である．

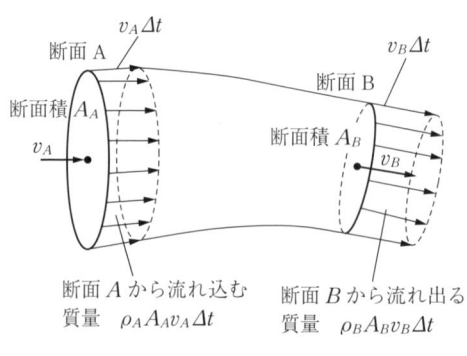

図3.2 管路流における連続の式

時間 ΔT に断面Aを通して

流れ込む質量は $\rho_A A_A v_A \Delta T$（密度×断面積×平均流速×時間）となる。同様に時間 ΔT に断面 B を通して流れ出す質量は $\rho_B A_B v_B \Delta T$ となる。したがって時間 ΔT 内にこの領域にとどまる質量は $\rho_A A_A v_A \Delta T - \rho_B A_B v_B \Delta T$ となり、領域内の質量増加は密度増加を引き起こす。よって、次式の関係が成り立つ。

$$\rho_A A_A v_A \Delta T - \rho_B A_B v_B \Delta T = B \frac{d\bar{\rho}}{dt} \Delta T \tag{3.2}$$

ここで、B は注目している領域の体積、$\bar{\rho}$ は領域内の平均密度である。水の場合、通常の圧力条件下では圧力による体積変化を無視できる、つまり、非圧縮性流体であるために、$\bar{\rho} = \rho_A = \rho_B = $ 一定、$d\bar{\rho}/dt = 0$ となり、式 (3.2) は

$$Q = A_A v_A = A_B v_B = \text{一定} \quad \text{（管路流の連続の式）} \tag{3.3}$$

となる。断面 A を単位時間に通過する水の体積（流量）と、断面 B での流量は等しく、対象としている領域に断面 A から入ってきた水の体積が断面 B から出ていったことになる。

3.2 摩擦によるエネルギー損失

前節でも述べたとおり、ベルヌーイの式は流れのエネルギー保存則である。しかし、実際の流れではさまざまな抵抗により、エネルギーは消費されて減少していく。ベルヌーイの定理を実際の流れ場に適用する場合には、この消費されたエネルギー（損失エネルギー）を考慮する必要がある。

本節では、まず代表的なものとして粘性抵抗を考える。実際の流体（実存流体）には粘性が存在し、流体の粒子間相互の速度差によりせん断応力が生じ、熱エネルギーとして流れエネルギーが変換されていく。図 3.3 に示すように一様な管において、区間 AB で摩擦により消費されたエネルギー水頭、すなわち摩擦損失水頭を h_l とすると、ベルヌーイの式は以下のようになる。

$$\frac{v_A^2}{2g} + z_A + \frac{p_A}{\rho_0 g} = \frac{v_B^2}{2g} + z_B + \frac{p_B}{\rho_0 g} + h_l \tag{3.4}$$

ここで、v は流速、z は管中心までの高さ、p は圧力、ρ_0 は水の密度、g は重

力加速度であり，添字 A, B はそれぞれ断面 A および B の諸量を表している．つまり，点 A の全エネルギー水頭に比べて点 B の全エネルギー水頭は損失水頭 h_l だけ減少しているので，その減少分を加えることにより両地点での全エネルギー水頭は等しくなる．

各地点の全エネルギー水頭を連ねた線をエネルギー線と呼び，エネルギー線の傾き I ($=h_l/l$) をエネルギー勾配と呼ぶ．また，位置水頭と圧力水頭の和 ($z+p/\rho_0 g$) は**ピエゾ水頭**（piezometric head）と呼ばれ，各地点のピエゾ水頭を連ねた線を**動水勾配線**（hydraulic grade line）と呼ぶ．

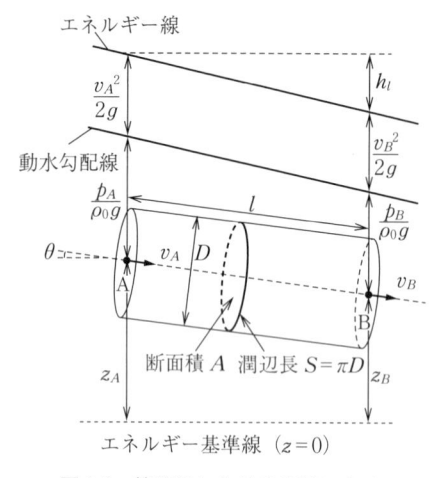

図 3.3 管路流における摩擦によるエネルギー損失

図 3.3 のように一様管径の場合には断面積 $A_A = A_B$ であり，連続式より $v_A = v_B$ となるので，断面 A および断面 B の速度水頭は等しくなり，式 (3.4) より摩擦損失水頭 h_l は

$$h_l = \left(\frac{p_A}{\rho_0 g} + z_A\right) - \left(\frac{p_B}{\rho_0 g} + z_B\right) = \left(\frac{p_A}{\rho_0 g} - \frac{p_B}{\rho_0 g}\right) + l\sin\theta \tag{3.5}$$

となる．この状態は，区間 AB の水塊に作用する両端の圧力差，重力，壁面との摩擦力がつり合った状態であること意味している．壁面でのせん断応力を τ_0 とすると，区間 AB の水塊に作用する力のつり合いは以下のようになる．

$$p_A A - p_B A + \rho_0 g A l \sin\theta - \tau_0 S l = 0 \tag{3.6}$$

ここで，断面積は $A_A = A_B = A$ である．S は断面において水と壁面が接触している長さであり，**潤辺長**（wetted perimeter）と呼ばれ，円管の場合，$S = \pi D$ である．

摩擦損失水頭 h_l は，式 (3.6) を $A\rho g$ で除すると次式のようになる．

3.2 摩擦によるエネルギー損失

$$h_l = \left(\frac{p_A}{\rho_0 g} - \frac{p_B}{\rho_0 g}\right) + l\sin\theta = \frac{1}{\rho_0 g}\frac{\tau_0 S l}{A} = \frac{1}{\rho_0 g}\frac{S}{A}l\tau_0 \tag{3.7}$$

まず，壁面でのせん断応力 τ_0 について考える。τ_0 は運動エネルギーに比例すると考えられ

$$\tau_0 = f'\frac{\rho_0 v^2}{2} \tag{3.8}$$

と仮定することができる。ここで，f' は壁面での摩擦に関する係数であり，無次元である。よって，摩擦損失水頭 h_l は式 (3.7) より

$$h_l = f'\frac{1}{A/S}\frac{v^2}{2g} = f'\frac{1}{R}\frac{v^2}{2g} \tag{3.9}$$

となる。ここで，$R\,(=A/S)$ は**径深** (hydraulic radius) と呼ばれる。円管の場合，径深 R は

$$R = \frac{A}{S} = \frac{\pi D^2/4}{\pi D} = \frac{D}{4}$$

となり，摩擦損失水頭 h_l は式 (3.7) より次式となる。

$$h_l = 4f'\frac{1}{D}\frac{v^2}{2g} = f\frac{1}{D}\frac{v^2}{2g} \tag{3.9'}$$

式 (3.9) および式 (3.9') は**ダルシー・ワイスバッハ** (Darcy-Weisbach) の式と呼ばれ，摩擦損失を表現するのに用いられる。通常，f, f' は摩擦損失係数と呼ばれ，$f = 4f'$ の関係にある。

摩擦損失係数 f が決まれば，摩擦損失水頭 h_l を求めることができる。f は流れの状態や水が接している壁面の状態によって変化する。まず，流れが層流の場合を考える。管路において層流で流れているときの流速分布は，放物線分布になることはすでに述べたとおりである。水はニュートン流体と考えられるので，このときの壁面でのせん断応力 τ_0 は次式となる。

$$\tau_0 = \frac{f}{8}\rho_0 v^2 = \mu\frac{du}{dr}\bigg|_{r=a} \tag{3.10}$$

ここで，μ は水の粘性係数，r は円管中心から壁面に向かう半径方向の距離，u は r における流速，$r=a$ は壁面位置である。管内の層流の流速分布は式

(2.123) より求められる。しかし，ここで考えている流れの状態では管の傾きによる流れ方向の重力の影響も考慮する必要がある。よって，力のつり合い式 (式 (2.121)) は以下のようになる。

$$pA-(p+\Delta p)A-\tau S\Delta x+\rho_0 gA\Delta x\sin\theta=0 \qquad (2.121')$$

式 (2.122) と同様に，ニュートン流体を仮定して式 (2.121') を整理すると

$$\mu\frac{du}{dr}=-\left(-\frac{dp}{dx}+\rho_0 g\sin\theta\right)\frac{r}{2} \qquad (2.122')$$

となる。式 (1.122') の括弧の中は，式 (3.5) より以下のように表される。

$$-\frac{dp}{dx}+\rho_0 g\sin\theta=\rho_0 g\frac{\left\{\left(\frac{p_A}{\rho_0 g}-\frac{p_B}{\rho_0 g}\right)+l\sin\theta\right\}}{l}=\rho_0 g\frac{h_l}{l}=\rho_0 gI$$

よって，管内の層流の流速分布は，式 (2.122') より，「$r=a$ で $u=0$」という境界条件の下で積分すれば

$$u(r)=\frac{\rho_0 gI}{4\mu}(a^2-r^2) \qquad (2.123')$$

となる。式 (2.123') より，壁面での速度勾配 du/dr および平均流速 v は次式となる。

$$\left.\frac{du}{dr}\right|_{r=a}=\frac{\rho_0 gI}{2\mu}a \qquad (3.11)$$

$$v=\frac{\rho_0 gI}{8\mu}a^2 \qquad (3.12)$$

式 (3.10) に式 (3.11), (3.12) を代入すると以下の式となる。

$$\frac{f}{8}\rho_0 v\times\frac{\rho_0 gI}{8\mu}a^2=\mu\frac{\rho_0 gI}{2\mu}a \quad\Rightarrow\quad f=32\times\frac{\mu}{\rho_0 va}=\frac{64}{Re} \qquad (3.13)$$

ここで，Re は管路流のレイノルズ数であり，$Re=\rho_0 vD/\mu=vD/\nu$ である。

　すなわち管路流が層流の場合，式 (3.13) のように摩擦損失係数 f はレイノルズ数が決まれば求めることができ，レイノルズ数に反比例することになる。

　乱流の場合を考える。管路における乱流の平均流速分布は対数分布になることは 2.2.6 項の〔2〕において述べた。管路乱流の平均流速分布は壁面の粗さ

k によって異なり，壁面の粗さのレイノルズ数と u_*k/ν に依存する。**ニクラーゼ**（Nikuradse）は，さまざまな一様粒径の砂を密に壁に貼り付けた粗面の流速分布に関する実験結果を踏まえて，管路内の流速分布を以下のような式で与えた。

$$\frac{u}{u_*}=5.75\log_{10}\frac{u_*y}{\nu}+5.5 \quad (\text{滑面}：\frac{u_*k}{\nu}\leq 5.0) \qquad (3.14\,\text{a})$$

$$\frac{u}{u_*}=5.75\log_{10}\frac{y}{k}+A\left(\frac{u_*k}{\nu}\right)$$

$$(\text{滑面・粗面繊維領域}：5.0\leq\frac{u_*k}{\nu}\leq 70) \qquad (3.14\,\text{b})$$

$$\frac{u}{u_*}=5.75\log_{10}\frac{y}{k}+8.5 \quad (\text{完全粗面}：\frac{u_*k}{\nu}\geq 70) \qquad (3.14\,\text{c})$$

ここで，y は壁面からの距離である。壁面の粗さ k が十分に小さく，$u_*k/\nu\leq 5.0$ の場合には，粘性底層の中に k が埋没した状態で，流れに壁面の粗さの影響が生じないことを意味している。逆に，$u_*k/\nu\geq 70$ の場合には，粗さ k が粘性底層の厚さよりも大きくなり k が平均流速分布に影響を及ぼす。このとき，k が大きくなるに従い，流れを阻害して流速は小さくなる。

壁面でのせん断応力 τ_0 は

$$\tau_0\equiv\rho_0 u_*^2=\frac{f}{8}\rho_0 v^2 \qquad (3.15)$$

の関係にあるので，以下の式が成り立つ。

$$\sqrt{\frac{8}{f}}=\frac{v}{u_*}=\frac{1}{u_*}\frac{Q}{A}=\frac{1}{\pi a^2}\int_0^a 2\pi(a-y)\frac{u}{u_*}dy \qquad (3.16)$$

ここで，Q は管内の流量，a は管の半径，A は管の断面積である。粘性底層は小さいために無視し，式 (3.14 a) 〜 (3.14 c) を式 (3.16) に代入すると以下の関係式が求まる。

$$\sqrt{\frac{8}{f}}=5.75\log_{10}\frac{u_*a}{\nu}+1.75=5.75\log_{10}\frac{Re}{2}\sqrt{\frac{8}{f}}+1.75$$

$$\left(\frac{u_*k}{\nu}\leq 5.0\right) \qquad (3.17\,\text{a})$$

$$\sqrt{\frac{8}{f}} = 5.75 \log_{10} \frac{D}{2k} - 3.75 + A\left(\frac{u_* k}{\nu}\right) \quad \left(5.0 \leq \frac{u_* k}{\nu} \leq 70\right)$$
(3.17 b)

$$\sqrt{\frac{8}{f}} = 5.75 \log_{10} \frac{D}{2k} + 4.5 \quad \left(\frac{u_* k}{\nu} \geq 70\right)$$
(3.17 c)

以上のように滑面（$u_* k/\nu \leq 5.0$）の場合，f は Re のみの関数となり（式 (3.17 a)），完全粗面（$u_* k/\nu \geq 70$）では k/D のみの関数となる（式 (3.17 c)）。

以上より，流れによる壁面でのせん断応力を意味する摩擦速度 u_* と壁面の粗さ k がわかれば，摩擦損失係数 f を求めることができる。しかし，実際の壁面は一様粒径の砂を貼り付けた状態とは異なり，また，壁面粗さの形状や配列が管壁材料によって変化する。実際のさまざまな管壁素材に対して得られた流速から，ニクラーゼの実験の流速分布に一致するように求めた壁面の粗さを**相当粗度**（equivalent roughness）k_s と呼んでいる。以上のように実際に用いられる各種管壁の相当粗度 k_s は実験により求められ，その代表的な値を**表 3.1** に示す。

表 3.1 各種管の相当粗度[16]

管の種類		相当粗度 k_s [mm]
工業用鋼管		0.05
アスファルト塗り鋳鉄管		0.12
亜鉛引鉄管		0.15
鋳鉄管	新しい	0.26 〜 0.34
	さびている	1.0 〜 1.5
	あかがついている	1.5 〜 3.0
木管		0.2 〜 0.9
セメント管	滑らか	0.3 〜 0.8
	粗い	1.0 〜 2.0
リベット付き鋼管		1.0 〜 10.0

相当粗度 k_s を用いて，さらにニクラーゼの実験結果によく一致するように式 (3.17 a)，(3.17 c) を補正したものが次式である[20]。

$$\frac{1}{\sqrt{f}} = 2.03 \log_{10}\left(Re\sqrt{f}\right) - 0.8 \quad \text{（滑面）}$$
(3.17' a)

$$\frac{1}{\sqrt{f}} = 2.03 \log_{10} \frac{D}{2k_s} + 1.74 \quad \left(\text{完全粗面：} \frac{u_* k_s}{\nu} \geq 70\right)$$
(3.17' c)

滑面から完全粗面への遷移領域については**コールブルック**（Colebrook）の研究があり，以下の式が提案されている[21]。

3.2 摩擦によるエネルギー損失

$$\frac{1}{\sqrt{f}} = 1.74 - 2.0 \log_{10}\left(\frac{2k_s}{D} + \frac{18.7}{Re\sqrt{f}}\right) \quad (3.18)$$

コールブルックの式（式(3.18)）は，滑面の場合，$k_s \to 0$ となり，式(3.17′a)に一致する。また，粗面の場合には $Re \to \infty$ となり，式(3.17′c)に一致する。図3.4に層流と乱流の流速分布の違いを概念的に示している。図からわかるように層流に比べて乱流のほうが乱れによる運動量の輸送が大きいために流速勾配が大きくなり，中心付近では流速分布が一様化している。

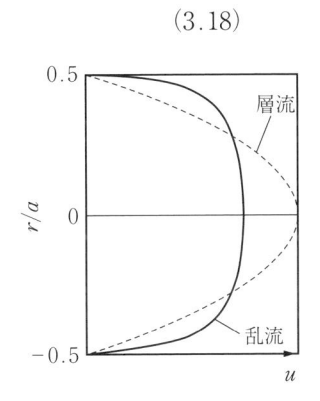

図3.4 管内の層流と乱流の流速分布（概念図）

図3.5はムーディ（Moody）線図と呼ばれるもので，図式的に摩擦損失係数 f を求めることができるように工夫されたものである。横軸にレイノルズ数 Re，縦軸に摩擦損失係数 f をとり，相当粗度 k_s をパラメータにして作成されている。流れのレイノルズ数 Re と管壁の相当粗度 k_s がわかれば，摩擦損失係数 f を求めることができるようになっている。

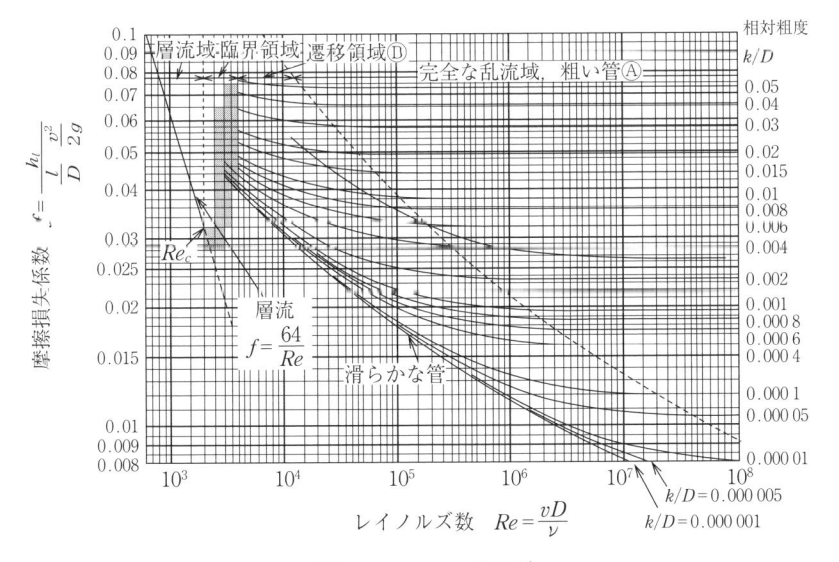

図3.5 ムーディ線図[22]

例題 3.1

図 3.6 に示すような水深 h_1 の貯水槽の底面から長さ h_2 の管路により下方に水が流れ，管路端から大気中に放出される管路系を考える。ここで，p_{A^-}，p_{A^+} は，それぞれ点 A の直上，直下の圧力，z_O, z_A, z_B はエネルギーの基準線から点 O，点 A，点 B までの高さ，ρ_0 は水の密度，g は重力加速度である。

このとき，管から放出される水の流速 v_B，および管内の圧力分布 p を求めよ。ただし，貯水槽の面積は管の面積に比べて非常に大きく，管からの水の流出に対して貯水槽内の水の運動は無視できると考える。また，管路流における摩擦損失は無視できるものとする。

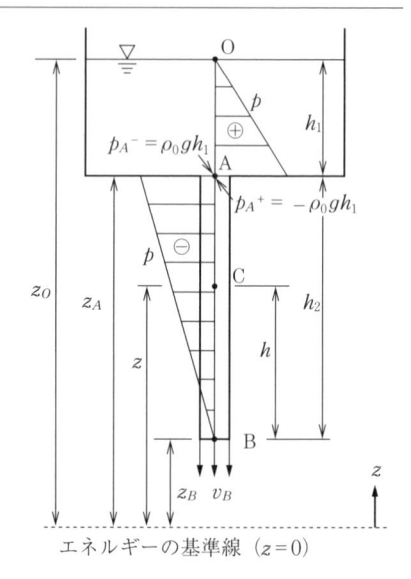

図 3.6 貯水槽からの放水管内の圧力分布（例題 3.1 の問題と解答）

解答

まず，貯水槽の水面上の点 O と管路下端の点 B でベルヌーイの定理を適用する。水面での流速 v_0 は無視でき，また，圧力 p_0 と p_B は大気に接しているため，大気圧に等しくゲージ圧が 0 となる。よって，ベルヌーイの定理より，管から放出する流速 v_B は以下のように求まる。

$$z_O = \frac{v_B^2}{2g} + z_B \quad \Rightarrow \quad v_B = \sqrt{2g(z_O - z_B)} = \sqrt{2g(h_1 + h_2)} \tag{3.19}$$

つぎに，圧力を求める。貯水槽内では水は静止していると考えられるので静水圧分布となる。貯水槽底面の管路入口直上の圧力 p_{A^-} は $p_{A^-} = \rho_0 g h_1$ となる。管に入った直後の圧力 p_{A^+} は以下のようにして求める。まず，点 O と点 A^+ でベルヌーイの定理を適用すると

$$z_O = \frac{v_{A^+}^2}{2g} + z_{A^+} + \frac{p_{A^+}}{\rho_0 g}$$

となる。連続の式より $v_A = v_B$ となるので，点 A^+ での圧力水頭および圧力は

3.2 摩擦によるエネルギー損失

$$\frac{p_{A^+}}{\rho_0 g} = (z_O - z_{A^+}) - \frac{v_A^{+2}}{2g} = h_1 - (h_1 + h_2) = -h_2 \quad \Rightarrow \quad p_{A^+} = -\rho_0 g h_2$$

となる。

管内の圧力分布 p は以下のようになる。点 O と管路内の任意の点 C（流速 v, 圧力 p, エネルギーの基準線からの高さ z）でベルヌーイの定理を適用すると

$$z_O = \frac{v^2}{2g} + z + \frac{p}{\rho_0 g}$$

となる。よって、任意の点 C での圧力水頭および圧力は

$$\frac{p}{\rho_0 g} = z_O - \left(z + \frac{v^2}{2g}\right) = (z_O - z_B) - \left(h + \frac{v^2}{2g}\right) = (h_1 + h_2) - \{h + (h_1 + h_2)\} = -h$$

$$\Rightarrow \quad p = -\rho_0 g h$$

となる。上式よりわかるように、管内での圧力 p は直線分布となり、管入口で $p_{A^+} = -\rho_0 g h_2$, 管出口で $p_B = 0$ となる。

■

例題 3.2

図 3.7 に示すような二つの貯水池 A, B 間（距離 $L = 50$ m）を直径 $D = 50$ cm のコンクリート管で送水する場合を考える。コンクリート管の摩擦損失係数を $f = 0.02$, AB 間の水位差を $H = 2$ m とする。このときの送水流量 Q [m^3/s] を求めよ。

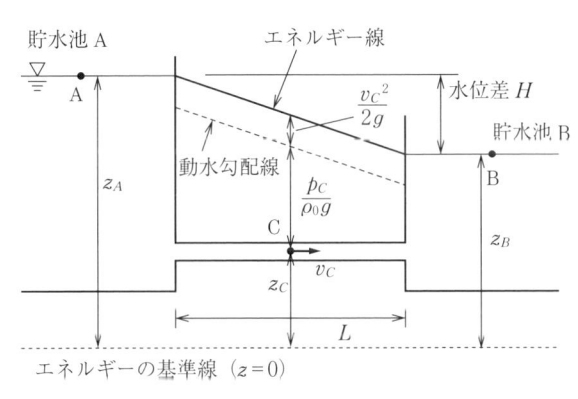

図 3.7 管路の摩擦損失

解答

まず、貯水池 A と B の水面でベルヌーイの定理を適用する。

$$\frac{v_A^2}{2g} + z_A + \frac{p_A}{\rho_0 g} = \frac{v_B^2}{2g} + z_B + \frac{p_B}{\rho_0 g} + h_l \tag{3.20}$$

ここで，v_A，v_B は点 A，点 B での流速，z_A，z_B はエネルギーの基準線から点 A，点 B までの高さ，p_A，p_B は点 A，点 B での圧力，ρ_0 は水の密度，g は重力加速度である。両貯水池の水面でベルヌーイの定理を適用しているため，ゲージ圧力は大気圧となり，$p_A = p_B = 0$ となる。また，両貯水池の容量は十分に大きく，送水により貯水池に流動は生じないものとすれば，貯水池 A，B での流速は $v_A = v_B = 0$ となる。よって，式 (3.20) は以下のように書き直される。

$$z_A - z_B(=H) = h_l = f \frac{L}{D} \frac{v_C^2}{2g}$$

ここで，管内の流速 v_C は上式より求まり，さらに管の断面積 A をこれに乗じて流量 Q を求めることができる。よって，管内流速 v_C は

$$v_C = \sqrt{\frac{2gH}{f\dfrac{L}{D}}} = \sqrt{\frac{2 \times 9.8 \times 2}{0.02 \times \dfrac{50}{0.5}}} = 4.427 \text{ m/s}$$

となり，送水流量 Q はつぎのように求まる。

$$Q = A v_C = \frac{\pi D^2}{4} v_C = \frac{3.14 \times 0.5^2}{4} \times 4.427 = 8.688 \times 10^{-3} \text{ m}^3/\text{s}$$

■

3.3 管形状によるエネルギー損失

3.3.1 管形状によるエネルギー損失の種類

管路流においては，前節で述べた管壁との摩擦によって生じるエネルギー損失ばかりでなく，管形状の変化によるエネルギーの損失がある。管路においては経路の途中に入り口，急拡，漸拡，急縮，漸縮，曲がり，バルブ，分岐，合流など管の形状が変化する部分があり，その部分では流れの剥離，渦や 2 次流[†]等が発生してエネルギーが奪われる。

管形状の変化によるエネルギー損失は局所的で，流れによって決まり，形状損失水頭は速度水頭に比例するものとして表す。比例定数はそれぞれの形状変化に応じて決まり，急拡および出口における損失係数は理論的に求められる

[†] 主流に起因する流路湾曲部での遠心力や流路壁の摩擦力等によって主流方向に垂直な断面内に生じる 2 次的な流れのことをいう。

が，他のほとんどの損失係数は実験的に求めなければならない。

以下で，各形状のエネルギー損失水頭について説明する。

3.3.2 急拡損失水頭および出口損失水頭

まず，理論的に求めることができる管路の急拡損失水頭について説明する。管路急拡部では断面積が急に増大して渦が発生し，流れの持つエネルギーが失われる。図 3.8 に示すような断面積が A_1 から A_2 に急に拡大する管路を考える。断面 I での流速を v_1，圧力を p_1，基準面から高さを z_1，断面 II での流速を v_2，圧力を p_2，基準面から高さを z_2 とし，管は水平設置されているものとする（$z_1 = z_2$）。

断面 I と II の間での急拡によるエネルギー損失，つまり急拡損失水頭 h_{se} は次式で表される。

$$h_{se} = f_{se} \frac{v_1^2}{2g} \quad (3.21)$$

ここで，f_{se} は急拡損失係数と呼ばれる。f_{se} があらかじめわかっていれば，急拡損失水頭 h_{se} を求めることができる。以下で，運動量の定理を用いて急拡損失係数 f_{se} を理論的に求める。

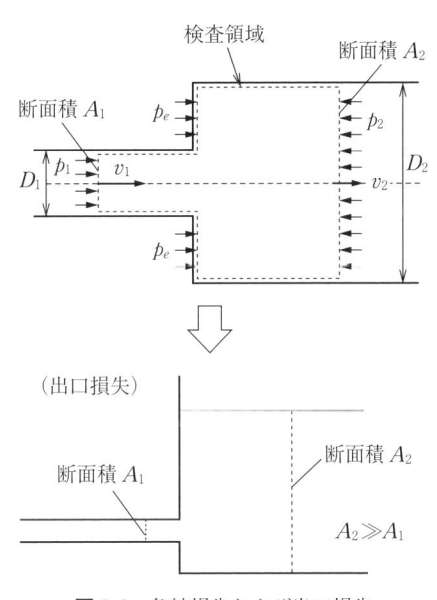

図 3.8 急拡損失および出口損失

急拡損失水頭 h_{se} は断面 I，II での全エネルギー水頭の差で表される。

$$h_{se} = \left(\frac{v_1^2}{2g} + z_1 + \frac{p_1}{\rho_0 g} \right) - \left(\frac{v_2^2}{2g} + z_2 + \frac{p_2}{\rho_0 g} \right)$$

$$= \frac{1}{2g}\left(v_1^2 - v_2^2\right) + \frac{1}{\rho_0 g}\left(p_1 - p_2\right) \quad (3.22)$$

いま，管は水平に設置されている（$z_1=z_2$）ことを考慮し，図3.8に示すような検査領域における流れ方向の運動量の収支を考えて運動量の定理を適用すると，以下のような式となる．

$$\rho_0 Q v_2 - \rho_0 Q v_1 = p_1 A_1 - p_2 A_2 + p_e (A_2 - A_1) \tag{3.23}$$

ここで，p_e は急拡部での圧力であり，鉛直壁面に作用しており，その反作用として検査領域の水塊に圧力が作用する．圧力 p_e はほぼ p_1 に等しくなること，および $Q=A_2 v_2$ より，式 (3.23) は次式のように書き換えられる．

$$p_1 - p_2 = \rho_0 (v_2^2 - v_1 v_2) \tag{3.24}$$

式 (3.24) を式 (3.22) に代入すると

$$h_{se} = \frac{1}{2g}\left(v_1^2 - v_2^2\right) + \frac{1}{g}\left(v_2^2 - v_1 v_2\right) = \frac{1}{2g}(v_1 - v_2)^2 \tag{3.25}$$

となる．また，連続の式より $v_2 = (A_1/A_2) v_1$ の関係式が導かれ，これを式 (3.25) に代入すると最終的に急拡損失水頭 h_{se} および急拡損失係数 f_{se} は次式となる．

$$h_{se} = \left(1 - \frac{A_1}{A_2}\right)^2 \frac{v_1^2}{2g} = f_{se} \frac{v_1^2}{2g}, \qquad f_{se} = \left(1 - \frac{A_1}{A_2}\right)^2 \tag{3.26}$$

上式のように，急拡前後の管の断面積 A_1，A_2 がわかれば，急拡損失係数 f_{se} を求めることができる．ちなみに，円管の場合（$A_1 = \pi D_1^2/4$，$A_2 = \pi D_2^2/4$）には式 (3.26) は次式となる．

$$h_{se} = \left\{1 - \left(\frac{D_1}{D_2}\right)^2\right\}^2 \frac{v_1^2}{2g} = f_{se} \frac{v_1^2}{2g}, \qquad f_{se} = \left\{1 - \left(\frac{D_1}{D_2}\right)^2\right\}^2 \tag{3.26'}$$

管路から貯水池等の出口でもエネルギーが失われ，これは出口損失と呼ばれる．出口損失水頭 h_o は

$$h_o = f_o \frac{v^2}{2g} \tag{3.27}$$

と表され，f_o は出口損失係数と呼ばれる．出口では急拡損失の式（式 (3.26)）において，急拡後の管径が無限大（$A_2 \to \infty$）の場合に相当する．そのため，出口損失係数は $f_o \fallingdotseq 1.0$ となる．

3.3.3 急縮損失水頭および入口損失水頭

管路において管路断面が急に減少する場合にも，渦が生じてエネルギーが失われる。図3.9に示すように管路断面が急に減少する場合において生じるエネルギー損失を急縮損失水頭 h_{sc} と呼び，以下の式で表す。

$$h_{sc} = f_{sc} \frac{v_2^2}{2g} \tag{3.28}$$

ここで，f_{sc} は急縮損失係数と呼ばれる。急縮損失水頭 h_{sc} の定義には，急縮後の流速 v_2 を用いる。

図3.9に示すように，急縮管においては急縮後に縮流が生じ，縮流係数 C が流れの状態などによって大きく変化するため，理論的に急縮損失係数 f_{sc} を求めることは困難である。よって，実験によって求められた表3.2に示す値が用いられている。

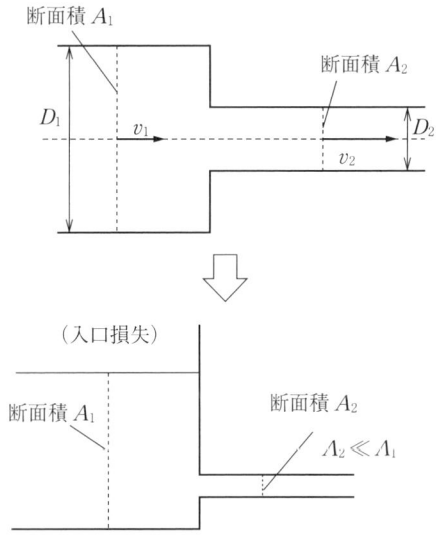

図3.9 急縮損失水頭および入口損失水頭

貯水池等から管路へ取水するときの入口でも同様の損失が生じる。これは入口損失水頭 h_e と呼ばれ，次式で定義される。

$$h_e = f_e \frac{v^2}{2g} \tag{3.29}$$

f_e は入口損失係数と呼ばれる。貯水槽壁面に管を接続したような通常の入口損失係数 f_e は急縮損失係数 f_{sc} において $A_1 \to \infty$，つまり $A_2/A_1 \to 0$ の場合に相当し，$f_e = 0.5$ となる。

表3.2 急縮損失係数 f_{sc} の値（実験値）[20]

A_2/A_1	0	0.1	0.2	0.3	0.4	0.5	0.6	0.7	0.8	0.9	1.0
f_{sc}	0.50	0.41	0.38	0.34	0.29	0.24	0.18	0.14	0.09	0.04	0

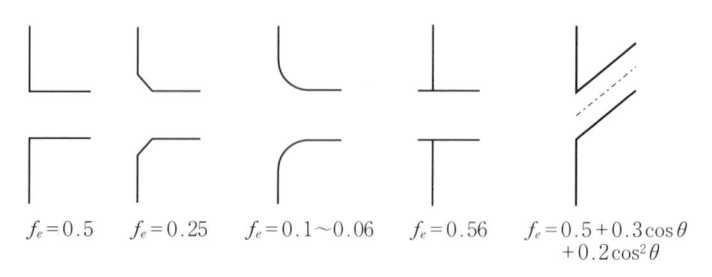

$f_e=0.5$　　$f_e=0.25$　　$f_e=0.1〜0.06$　　$f_e=0.56$　　$f_e=0.5+0.3\cos\theta+0.2\cos^2\theta$

図 3.10　代表的な入口損失係数[20]

入口のエネルギー損失を軽減するためにさまざまな入口形状が考案され，実験的に入口損失係数が求められている。代表的な入口損失係数を図 3.10 に示す。

3.3.4　曲がり損失水頭

管路の曲がり部では 2 次流や乱れが生じ，エネルギーが損失する（図 3.11）。このエネルギー損失は曲がり損失水頭 h_b と呼ばれ，以下の式で表される。

$$h_b = f_b \frac{v^2}{2g} \tag{3.30}$$

f_b は曲がり損失係数と呼ばれ，曲がりの形状や角度などにより変化する。管径が比較的小さい円管の場合の f_b につしては，ワイスバッハによってつぎの実験式が得られている[20]。

$$f_b = 0.946 \sin^2 \frac{\theta}{2} + 2.05 \sin^4 \frac{\theta}{2} \tag{3.31}$$

ここで θ は，図 3.11 に示す曲がり角である。

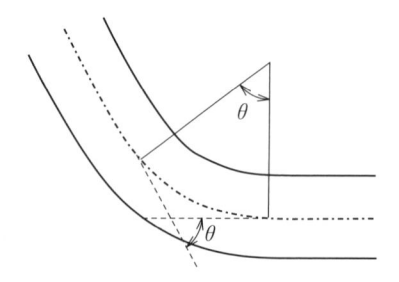

図 3.11　曲がり損失水頭

3.3.5 漸拡損失水頭および漸縮損失水頭

徐々に管の断面が変化する場合にもエネルギー損失が生じる。断面が徐々に大きくなる場合が漸拡管で，徐々に縮小する場合が漸縮管である。

漸拡管における漸拡損失水頭 h_{ge} は

$$h_{ge} = f_{ge}\frac{(v_1 - v_2)^2}{2g} = f_{ge}\left(1 - \frac{A_1}{A_2}\right)\frac{v_1^2}{2g} = f_{ge}f_{se}\frac{v_1^2}{2g} \qquad (3.32)$$

と表され，f_{ge} は漸拡損失係数と呼ばれる。f_{se} は式 (3.28) で定義されている急拡損失係数である。漸拡損失係数 f_{ge} に関しては**ギブソン**（Gibson）の実験結果が知られている（**図 3.12**）。広がり角 θ によって漸拡損失係数 f_{ge} は変化し，$\theta = 5 \sim 6°$ 付近で最小値となり，$\theta = 60 \sim 70°$ 付近で最大となる。h_{ge} は $\theta = 150°$ 以上では 1.0 に近い値となる[23]。

一方，漸縮管における漸縮損失水頭 h_{gc} は，漸縮後の流速 v_2 を用いて以下の式で表される。

$$h_{gc} = f_{gc}\frac{v_2^2}{2g} \qquad (3.33)$$

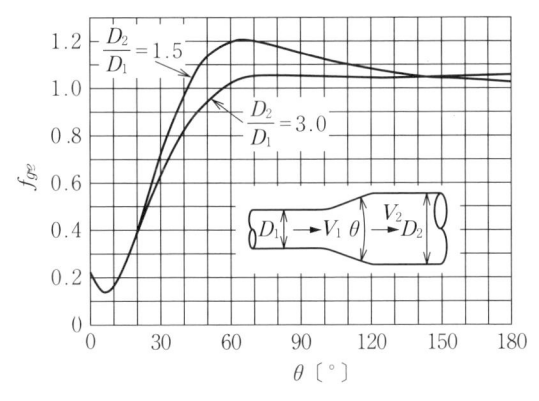

図 3.12 漸拡損失係数 f_{ge}（ギブソンの実験結果[23]）

ここで，f_{gc} は漸縮損失係数である。漸縮管の場合には，剥離はほとんど生じないので損失水頭は無視される。

3.3.6 バルブによる損失水頭

流量調節に用いられるバルブ（弁）の部分でも流れが乱され，エネルギー損失が生じる。バルブによる損失水頭 h_v は，管内流速 v を用いて次式で表される。

$$h_v = f_v \frac{v^2}{2g} \qquad (3.34)$$

バルブの形状,開度などにより損失水頭が変化する。**図3.13**に代表的なバルブの形式を,**図3.14**には代表的な損失係数の値を示す。

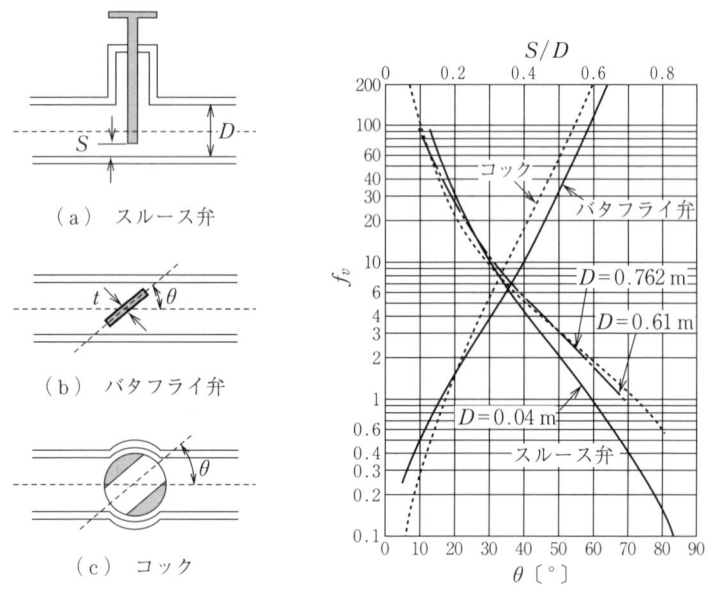

図3.13 代表的なバルブの形式

（a）スルース弁

（b）バタフライ弁

（c）コック

図3.14 バルブによる損失係数f_v[24]

3.3.7 その他の損失水頭

その他,管路の分岐・合流部での損失水頭や管内オリフィスによる損失水頭などがあり,必要に応じてハンドブック等[25]で参照していただきたい。

3.3.8 単線管路

一例として**図3.15**に示すような分岐のない単線管路を考える。貯水池Aから貯水池Bに送水する単管路で途中に急拡部が1か所,急縮部分が1か所ある。

貯水池A,Bの水面位置でベルヌーイの定理を適用する。円管の直径をD_1 = 0.5 m,D_2 = 0.7 m,D_3 = 0.5 m,管長をl_1 = 20 m,l_2 = 10 m,l_3 = 30 mとす

3.3 管形状によるエネルギー損失

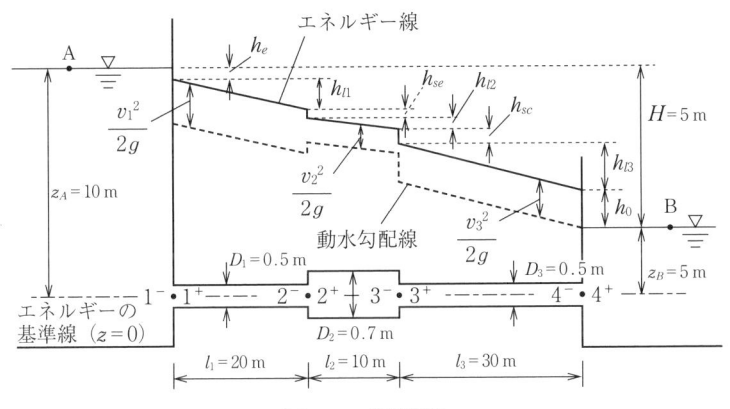

図 3.15 単線管路

る。管中心をエネルギーの基準線 ($z=0$) とし，貯水池 A の水面高さを $z_A=10$ m，貯水池 B の水面高さを $z_B=5$ m とすると，それらの高低差は $H=5$ m となる。また，摩擦損失係数を $f=0.02$，入口損失係数を $f_e=0.5$，急拡損失係数を $f_{se}=0.24$，急縮係数を $f_{sc}=0.27$，出口損失係数を $f_o=1.0$ とする。このとき，ベルヌーイの定理より次式を得る。

$$\frac{v_A^2}{2g} + z_A + \frac{p_A}{\rho_0 g} = \frac{v_B^2}{2g} + z_B + \frac{p_B}{\rho_0 g} + h_e + h_{l1} + h_{se} + h_{l2} + h_{sc} + h_o \quad (3.35)$$

ここで，h_{l1}, h_{l2}, h_{l3} はそれぞれ管長が l_1, l_2, l_3 の区間の摩擦損失水頭である。貯水池容量は十分に大きく，送水により貯水池内に流動は生じないとすると，貯水池内の流速は $v_a = v_b = 0$ となる。また，水面でベルヌーイの定理を適用しているので，圧力は大気圧に等しく，$p_a = p_b = 0$ である。よって，式 (3.35) は

$$\begin{aligned} z_A - z_B = H &= h_e + h_{l1} + h_{l2} + h_{l3} + h_{se} + h_{sc} + h_o \\ &= f_e \frac{v_1^2}{2g} + f\frac{l_1}{D_1}\frac{v_1^2}{2g} + f_{se}\frac{v_1^2}{2g} + f\frac{l_2}{D_2}\frac{v_2^2}{2g} + f_{sc}\frac{v_3^2}{2g} + f\frac{l_3}{D_3}\frac{v_3^2}{2g} + f_o\frac{v_3^2}{2g} \end{aligned}$$

$$(3.36)$$

となる。また，連続の式により

$$Q = \frac{\pi D_1^2}{4} v_1 = \frac{\pi D_2^2}{4} v_2 = \frac{\pi D_3^2}{4} v_3 \Rightarrow v_2 = \left(\frac{D_1}{D_2}\right)^2 v_1, \quad v_3 = \left(\frac{D_1}{D_3}\right)^2 v_1$$
(3.37)

となる。よって，式 (3.36) に式 (3.37) を代入すると次式が得られる。

$$H = \left\{ f_e + f\frac{l_1}{D_1} + f_{se} + f\frac{l_2}{D_2}\left(\frac{D_1}{D_2}\right)^4 + \left(f_{sc} + f\frac{l_3}{D_3} + f_o\right)\left(\frac{D_1}{D_3}\right)^4 \right\} \frac{v_1^2}{2g}$$
(3.38)

$$v_1 = \left[2gH / \left\{ f_e + f\frac{l_1}{D_1} + f_{se} + f\frac{l_2}{D_2}\left(\frac{D_1}{D_2}\right)^4 + \left(f_{sc} + f\frac{l_3}{D_3} + f_o\right)\left(\frac{D_1}{D_3}\right)^4 \right\} \right]^{\frac{1}{2}}$$

$$= \left[2 \times 9.8 \times 5 / \left\{ 0.5 + 0.02 \times \frac{20}{0.5} + 0.24 + 0.02 \times \frac{10}{0.7} \times \left(\frac{0.5}{0.7}\right)^4 \right.\right.$$

$$\left.\left. + \left(0.27 + 0.02 \times \frac{30}{0.5} + 1.0\right) \times \left(\frac{0.5}{0.5}\right)^4 \right\} \right]^{\frac{1}{2}} = 4.899 \text{ m/s}$$

上式および式 (3.37) を用いれば，管内の流速がすべて求められる。さらに，連続の式 $Q = A_1 v_1$ を用いて流量も求められる。それらはつぎのようになる。

$$v_2 = \left(\frac{D_1}{D_2}\right)^2 v_1 = \left(\frac{0.5}{0.7}\right)^2 \times 4.899 = 2.499 \text{ m/s}$$

$$v_3 = \left(\frac{D_1}{D_3}\right)^2 v_1 = \left(\frac{0.5}{0.5}\right)^2 \times 4.899 = 4.899 \text{ m/s}$$

$$Q = \frac{\pi D_1^2}{4} v_1 = \frac{3.14 \times 0.5^2}{4} \times 4.899 = 0.961 \text{ m}^3/\text{s}$$

以下で，各点での全エネルギー水頭およびピエゾ水頭を求める。

貯水池 A の水面位置（点 A）

水面位置では流速が $v_A = 0$ および圧力が $p_A = 0$（大気圧）であるため，点 A での全エネルギー水頭 E_{TA} およびピエゾ水頭 H_{PA} は以下のようになる。

全エネルギー水頭： $E_{TA} = z_A = 10$ m

ピエゾ水頭： $H_{PA} = z_A = 10$ m

3.3 管形状によるエネルギー損失

入口直前（点 1^-）

入口直前では，流速 v_{1^-} は 0 で，圧力は静水圧に等しいと仮定できるので，以下のように全エネルギー水頭とピエゾ水頭は等しくなる．

全エネルギー水頭： $E_{T1^-} = z_{1^-} + \dfrac{p_{1^-}}{\rho g} = z_A = 10 \text{ m}$

ピエゾ水頭： $H_{P1^-} = z_{1^-} + \dfrac{p_{1^-}}{\rho g} = z_A = 10 \text{ m}$

入口直後（点 1^+）

入口直後では，入口損失が生じるため，直前の全エネルギー水頭 E_{T1^-} から入口損失水頭を差し引いた値が直後の全エネルギー水頭 E_{T1^+} となる．また，ピエゾ水頭は全エネルギー水頭から速度水頭を差し引いた値となる．

全エネルギー水頭： $E_{T1^+} = E_{T1^-} - f_e \dfrac{v_1^2}{2g} = 9.388 \text{ m}$

ピエゾ水頭： $H_{P1^+} = E_{T1^+} - \dfrac{v_1^2}{2g} = 8.164 \text{ m}$

急拡直前（点 2^-）

急拡直前の点 2^- での全エネルギー水頭は，入口直後の点 1^+ での全エネルギー水頭から，l_1 の区間における摩擦損失水頭を差し引いた値となる．ピエゾ水頭は同様に全エネルギー水頭から速度水頭を差し引いた値となる．

全エネルギー水頭： $E_{T2^-} = E_{T1^+} - f \dfrac{l_1}{D_1} \dfrac{v_1^2}{2g} = 8.408 \text{ m}$

ピエゾ水頭： $H_{P2^-} = E_{T2^-} - \dfrac{v_1^2}{2g} = 7.184 \text{ m}$

急拡直後（点 2^+）

急拡直前の点 2^- での全エネルギー水頭から，急拡損失水頭を差し引いた値が急拡直後の点 2^+ での全エネルギー水頭となる．ピエゾ水頭は同様に全エネルギー水頭から速度水頭を差し引いた値となる．

全エネルギー水頭： $E_{T2^+} = E_{T2^-} - f_{se} \dfrac{v_1^2}{2g} = 8.115 \text{ m}$

ピエゾ水頭： $H_{P2^+} = E_{T2^+} - \dfrac{v_2^2}{2g} = 7.796$ m

急縮直前（点 3^-）

急拡直後の点 2^+ での全エネルギー水頭から，l_2 区間における摩擦損失水頭を差し引いた値が急縮直前の点 3^- での全エネルギー水頭となる。ピエゾ水頭は同様に全エネルギー水頭から速度水頭を差し引いた値となる。

全エネルギー水頭： $E_{T3^-} = E_{T2^+} - f\dfrac{l_2}{D_2}\dfrac{v_2^2}{2g} = 8.024$ m

ピエゾ水頭： $H_{P3^-} = E_{T3^-} - \dfrac{v_2^2}{2g} = 7.705$ m

急縮直後（点 3^+）

急縮直前の点 3^- での全エネルギー水頭から，急縮損失水頭を差し引いた値が急縮直後の点 3^+ での全エネルギー水頭となる。ピエゾ水頭は同様に全エネルギー水頭から速度水頭を差し引いた値となる。

全エネルギー水頭： $E_{T3^+} = E_{T3^-} - f_{sc}\dfrac{v_3^2}{2g} = 7.693$ m

ピエゾ水頭： $H_{P3^+} = E_{T3^+} - \dfrac{v_3^2}{2g} = 6.469$ m

出口直前（点 4^-）

急縮直後の点 3^+ での全エネルギー水頭から，l_3 の区間における摩擦損失水頭を差し引いた値が出口直前の点 4^- での全エネルギー水頭となる。ピエゾ水頭は同様に全エネルギー水頭から速度水頭を差し引いた値となる。

全エネルギー水頭： $E_{T4^-} = E_{T3^+} - f\dfrac{l_3}{D_3}\dfrac{v_3^2}{2g} = 6.224$ m

ピエゾ水頭： $H_{P4^-} = E_{T4^-} - \dfrac{v_3^2}{2g} = 5.0$ m

出口直後（点 4^+）

出口直前の点 4^- での全エネルギー水頭から，出口損失水頭を差し引いた値

3.3 管形状によるエネルギー損失

が出口直後の点 4^+ での全エネルギー水頭となる。ピエゾ水頭は，出口直後では流速が 0 と仮定できるので全エネルギー水頭と等しくなる。

全エネルギー：　$E_{T4^+} = E_{T4^-} - f_o \dfrac{v_3^2}{2g} = 5.0 \,\mathrm{m}$

ピエゾ水頭：　$H_{P4^+} = E_{T4^+} = 5.0 \,\mathrm{m}$

貯水池 B の水面位置（点 B）

出口直後と貯水池 B の水面間ではエネルギー損失は生じないので，出口における全エネルギーとピエゾ水頭は等しくなる。

全エネルギー水頭：　$E_B = E_{T4^+} = z_B = 5.0 \,\mathrm{m}$

ピエゾ水頭：　$H_{PB} = H_{P4^+} = z_B = 5.0 \,\mathrm{m}$

以上のように求めた各点の全エネルギー水頭を連ねるとエネルギー線となり，ピエゾ水頭を連ねると動水勾配線となる。それぞれを図 3.15 に実線と破線で示してある。また，以上のようにして得られた各点での全エネルギー水頭とピエゾ水頭を**表 3.3** にまとめた。

表3.3　図3.15の各点での全エネルギー水頭とピエゾ水頭

位置	A	1^-	1^+	2^-	2^+	3^-	3^+	4^-	4^+	B
速度〔m/s〕	0	0	4.899	4.899	2.499	2.499	4.899	4.899	0	0
摩擦損失水頭〔m〕	–	–	–	$f\dfrac{l_1}{D_1}\dfrac{v_1^2}{2g}$	–	$f\dfrac{l_2}{D_2}\dfrac{v_2^2}{2g}$	–	$f\dfrac{l_3}{D_3}\dfrac{v_3^2}{2g}$	–	–
	0	0	0	0.980	0	0.091	0	1.469	0	0
形状損失水頭〔m〕	–	–	$f_e\dfrac{v_1^2}{2g}$	–	$f_{se}\dfrac{v_1^2}{2g}$	–	$f_{sc}\dfrac{v_3^2}{2g}$	–	$f_o\dfrac{v_3^2}{2g}$	–
	0	0	0.612	0	0.293	0	0.331	0	1.224	0
全エネルギー水頭〔m〕	10	10	9.388	8.408	8.115	8.024	7.693	6.224	5.0	5.0
速度水頭〔m〕	0	0	1.224	1.224	0.319	0.319	1.224	1.224	0	0
位置水頭〔m〕	10	0	0	0	0	0	0	0	0	5
圧力水頭〔m〕	0	10	8.164	7.184	7.796	7.705	6.469	5.0	5	0
ピエゾ水頭〔m〕	10	10	8.164	7.184	7.796	7.705	6.469	5.0	5.0	5.0

3.4 複雑な管路

3.4.1 タービンおよびポンプ

タービンは,高所にあるダムや貯水池から導水管により低い場所に水を導く際に,高低差により水が得た運動エネルギーの一部を動力に変換する装置であり,水力発電等で用いられる。ポンプは,動力によって水に運動エネルギーを与え,水を高い場所へ汲み上げるものである。

まず,タービンについて説明する。図3.16に示すようなタービン施設を考える。貯水池AとBの水面の高低差をHとする。摩擦損失や形状損失による管路部の損失水頭をh_l,タービン部分での損失水頭をH_Tとすると次式が成り立つ。

$$H_T = H - h_l \qquad (3.39)$$

ここで,Hは総落差,H_Tは有効落差と呼ばれる。

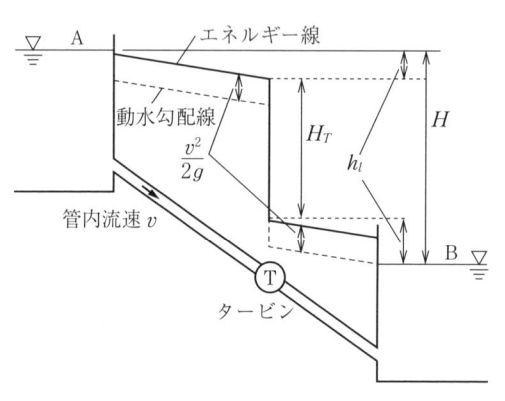

図3.16 タービンにおけるエネルギー収支

単位時間に流れる水による仕事率は理論水力P_0〔W〕と呼ばれ,以下の式で表される。

$$P_0 = \rho_0 g Q H_T \qquad (3.40)$$

ここで用いる諸量の単位は,ρ_0〔kg/m³〕,g〔m/s²〕,Q〔m³/s〕,H_T〔m〕である。

実際には,タービンにもエネルギー損失があるため,効率η_Tを理論水力P_0に乗じた値が実際の水力P〔W〕となる。

$$P = \eta_T \rho_0 g Q H_T \qquad (3.41)$$

つぎに,ポンプについて考える。図3.17に示すようにポンプを用いて貯水池Aから貯水池Bに水を汲み上げる。このとき,貯水池A,B間の水面の高低差Hを実揚程と呼び,水をこの高低差だけ汲み上げる必要がある。しかし,

実際には貯水池Aからポンプまで，およびポンプから貯水池Bまでの管路で生じる摩擦損失水頭や形状損失水頭の和h_lも加えた揚程が必要である。よって，ポンプに必要な全揚程H_Pは次式となる。

$$H_P = H + h_l \quad (3.42)$$

全揚程H_Pに必要なポンプの動力P_0〔W〕は次式となる。

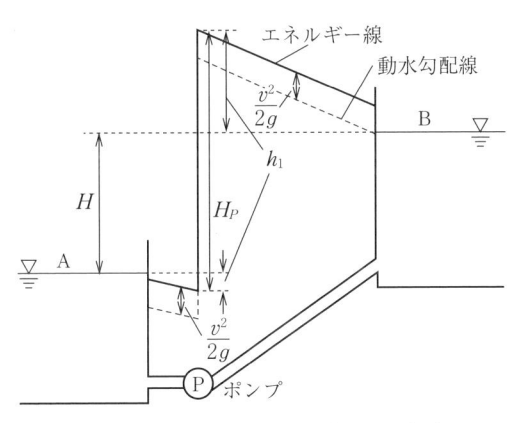

図3.17 ポンプにおけるエネルギー収支

$$P_0 = \rho_0 g Q H_P \quad (3.43)$$

これに加えてポンプにおいてもエネルギー損失が生じるため，式(3.43)で求めた動力よりも大きな動力が必要となる。式(3.43)により理論的に求められた動力と実際にポンプに必要とされる動力の比で効率η_Pが定義される。よって，実際にポンプに必要とされる動力P〔W〕は次式で表される。

$$P = \frac{\rho_0 g Q H_P}{\eta_P} \quad (3.44)$$

また，ポンプの場合，ポンプと下方の貯水池の水面の高低差（吸込水高）が大きくなるとキャビテーション（3.4.2項参照）を生じて揚水が阻害されることがあるので，設計を行う上で注意が必要である。

3.4.2 サイフォン

ある貯水池から他の貯水池や家庭などの受水先へ送水・配水する場合に，さまざまな制約により高所を経由しなければならない場合がある。図3.18に示すように，配管が動水勾配線よりも上方になると管内が負圧になる。このような管路の状態をサイフォンという。管内の圧力が理論的に絶対圧力0（$p/\rho g = -10.33$ m）以下になると通水できない。実際には絶対圧力0より大きな圧力でも，常温で蒸気圧以下になれば水自体が気化したり，また水に溶け込んで

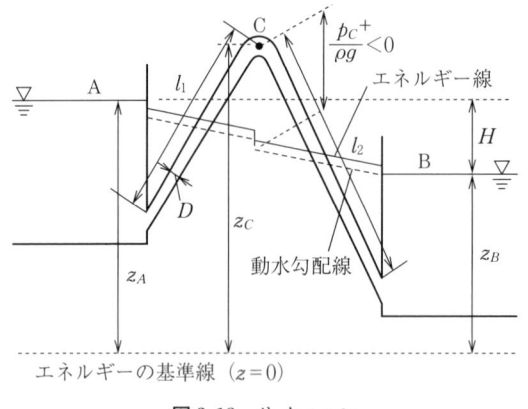

図3.18 サイフォン

いる気体が放出されたりして気泡が生じ（**キャビテーション現象**（cavitation）[26]），気体で管が満たされて通水できない状態となる。通常，圧力水頭にして-8 m程度の負圧がサイフォンで送水する場合の限界である。

図3.18を例として，以下でサイフォンが機能するかどうかを判断する方法を説明する。まず，貯水池AとBの間の管路系の水面に対してベルヌーイの定理を適用すると，次式のようになる。

$$\frac{v_A^2}{2g} + z_A + \frac{p_A}{\rho g} = \frac{v_B^2}{2g} + z_B + \frac{p_B}{\rho g} + h_e + h_{l1} + h_b + h_{l2} + h_o \tag{3.45}$$

ここで，h_{l1}，h_{l2} はそれぞれ l_1 区間，l_2 区間における摩擦損失水頭である。流速は $v_A = v_B = 0$ とみなすことができ，また圧力 p_A と p_B は大気圧であり，0となる。図3.18に示すように管長を l_1，l_2，管径を D，摩擦係数を f とすると，式（3.45）は以下のようになる。

$$z_A - z_B = H = h_e + h_{l1} + h_b + h_{l2} + h_o$$
$$= \left(f_e + f\frac{l_1}{D} + f_b + f\frac{l_2}{D} + f_o \right) \frac{v^2}{2g} \tag{3.46}$$

よって，管内流速 v は式（3.47）となる。

$$v = \sqrt{\frac{2gH}{f_e + f\frac{l_1}{D} + f_b + f\frac{l_2}{D} + f_o}} \tag{3.47}$$

式（3.47）はサイフォンが成立すると仮定して求めた流速であり，この流速を用いて圧力が最も低下する頂部の曲がり点Cの直後における圧力を調べる。ここで，貯水池Aの水面位置と点C直後の間にベルヌーイの定理を適用する。

3.4 複雑な管路

$$\frac{v_A^2}{2g} + z_A + \frac{p_A}{\rho g} = \frac{v_{C^+}^2}{2g} + z_{C^+} + \frac{p_{C^+}}{\rho g} + h_e + h_{l1} + h_b$$

$$\left(\frac{p_{C^+}}{\rho g} = z_A - z_{C^+} - \left(1 + f_e + f\frac{l_1}{D} + f_b\right)\frac{v^2}{2g} \right) \tag{3.48}$$

上式に，式 (3.47) を代入すると

$$\frac{p_{C^+}}{\rho g} = z_A - z_{C^+} - \frac{1 + f_e + f\dfrac{l_1}{D} + f_b}{f_e + f\dfrac{l_1 + l_2}{D} + f_b + f_o} H \geqq -8 \text{ m} \tag{3.49}$$

となる．式 (3.49) がサイフォンの機能する（送水できる）条件である．

3.4.3 ベンチュリーメータ

管内の流速，流量を計測する装置として**ベンチュリーメータ**（Venturi meter）がある．**図 3.19** のように途中で断面を縮小した部分を設け，断面縮小前と縮小部分の圧力水頭差を計測することにより管内の流速，流量を計測する方法である．以下に原理を説明する．

まず，断面縮小前の点 A と，縮小部分の点 B にベルヌーイの定理を適用する．ベンチュリ管では形状による損失が生じないように漸縮管，および広がり幅の小さい漸拡管を使用しているため，損失水頭は無視して考えてよいので

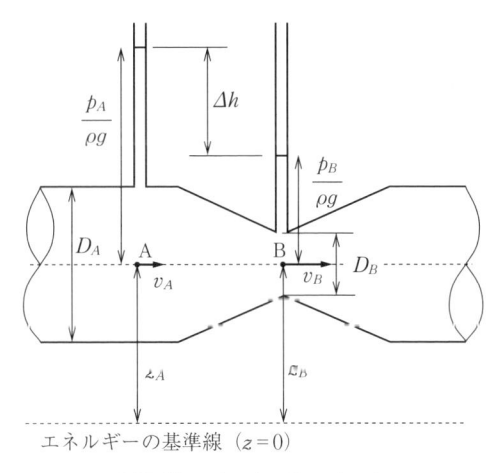

図 3.19 ベンチュリーメータ

$$\frac{v_A^2}{2g} + z_A + \frac{p_A}{\rho g} = \frac{v_B^2}{2g} + z_B + \frac{p_B}{\rho g} \tag{3.50}$$

となる．また，連続の式より

$$Q = \frac{\pi D_A^2}{4} v_A = \frac{\pi D_B^2}{4} v_B \quad \Rightarrow \quad v_B = \left(\frac{D_A}{D_B}\right)^2 v_A \tag{3.51}$$

となる。式 (3.51) を式 (3.50) に代入して整理すると

$$\left\{\left(\frac{D_A}{D_B}\right)^4 - 1\right\} \frac{v_A^2}{2g} = (z_A - z_B) + \left(\frac{p_A}{\rho g} - \frac{p_B}{\rho g}\right) \tag{3.52}$$

となる。管が水平に設置されていると仮定すれば $z_A = z_B$ である。また、点 A と点 B にマノメータを設置したときに、点 A と点 B の水面差 Δh は点 A と点 B の圧力水頭差 $\Delta h = (p_A - p_B)/\rho g$ を表している。よって、点 A の流速 v_A および流量 Q は式 (3.52) より次式のように求められる。

$$v_A = \sqrt{\frac{2g\Delta h}{\left(\frac{D_A}{D_B}\right)^4 - 1}} \quad \Rightarrow \quad Q = \frac{\pi D_A^2}{4} v_A = \frac{\pi D_A^2}{4} \sqrt{\frac{2g\Delta h}{\left(\frac{D_A}{D_B}\right)^4 - 1}} \tag{3.53}$$

この原理を用いてマノメータの水頭差 Δh から流量を求める装置がベンチュリーメータである。

3.4.4 分岐管・合流管

管路が分岐したり、合流したりする場合がある。最も簡単な場合は、**図 3.20** に示すような1本の管路が点 A で二つに分かれ、点 B でまた一つに連結する並列管である。この場合、どちらの経路を経由したとしても、合流点 B での全エネルギー水頭 E_{TB} は同じでなければならない。つまり、どちらの経路の損失水頭も同じでなければならない。

簡単のために、経路1および経路2は十分に長く、形状損失に比べて摩擦損失が大きく、形状損失を無視

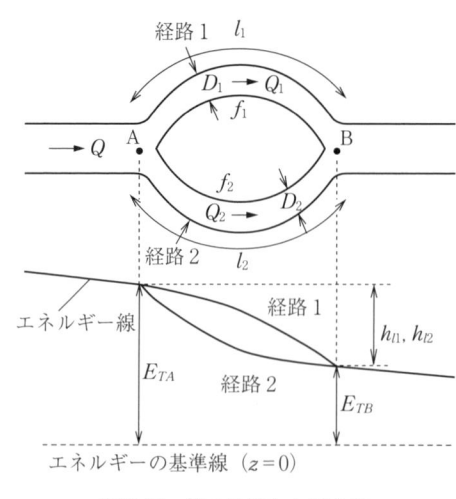

図 3.20 管の分岐および合流

できる場合を考える。経路 1, 2 における流速をそれぞれ v_1, v_2 とすると, 経路 1, 2 の摩擦損失水頭 h_{l1}, h_{l2} は以下のようになる。

$$h_{l1} = f_1 \frac{l_1}{D_1} \frac{v_1^2}{2g} = f_1 \frac{l_1}{D_1} \frac{8}{g\pi^2 D_1^4} Q_1^2, \qquad h_{l2} = f_2 \frac{l_2}{D_2} \frac{v_2^2}{2g} = f_2 \frac{l_2}{D_2} \frac{8}{g\pi^2 D_2^4} Q_2^2$$

条件 $h_{l1} = h_{l2}$ より上式は

$$Q_2 = \sqrt{\frac{f_1}{f_2} \frac{l_1}{l_2} \left(\frac{D_2}{D_1}\right)^5} Q_1$$

となる。また, 連続の式 $Q = Q_1 + Q_2$ より

$$Q_1 = \frac{1}{1 + \sqrt{\dfrac{f_1}{f_2} \dfrac{l_1}{l_2} \left(\dfrac{D_2}{D_1}\right)^5}} Q, \qquad Q_2 = \frac{\sqrt{\dfrac{f_1}{f_2} \dfrac{l_1}{l_2} \left(\dfrac{D_2}{D_1}\right)^5}}{1 + \sqrt{\dfrac{f_1}{f_2} \dfrac{l_1}{l_2} \left(\dfrac{D_2}{D_1}\right)^5}} Q$$

となり, 各経路の流量の分配率が求まる。

つぎに, **図 3.21** に示すような三つの貯水池 A, B, C を管路で連結した場合を考える。基準面から各貯水池の水面までの高さをそれぞれ H_A, H_B, H_C ($H_A > H_B > H_C$) とすると, 管路の連結点 D の全エネルギー水頭 E_D と H_B の大小関係によって, 連結部分が合流管になったり, 分岐管になったりする。$E_D > H_B$ のとき, 点 D から貯水池 B に流れるため, 貯水池 A から点 D に流れてきた水は貯水池 B, C に向かって流れる分岐管になる。逆に, $E_D < H_B$ のとき, 貯水池 B から点 D に向かって流れるため, 貯水池 A, B から点 D に向かって流れ, 貯水池 C に流れ込む合流管になる。

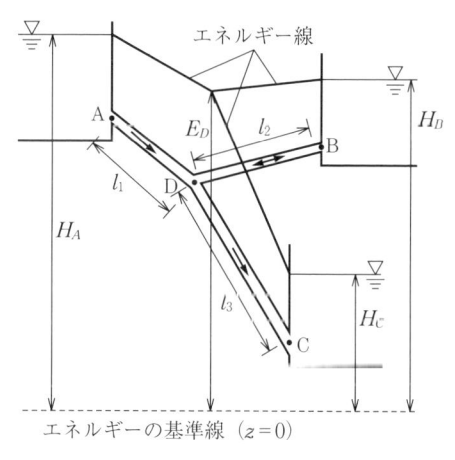

図 3.21 分岐管または合流管

計算方法について説明する。ここでは, 管が十分に長く, 損失水頭において

摩擦損失がほとんどであり，形状損失が無視できると仮定する．A-D 間，B-D 間，C-D 間でベルヌーイの定理を適用すると，次式のようになる．

$$H_A - E_D = f\frac{l_1}{D_1}\frac{v_1^2}{2g} = \lambda_1 Q_1^2 \tag{3.54}$$

$$H_B - E_D = \pm f\frac{l_2}{D_2}\frac{v_2^2}{2g} = \pm \lambda_2 Q_2^2 \tag{3.55}$$

$$H_C - E_D = -f\frac{l_3}{D_3}\frac{v_3^2}{2g} = -\lambda_3 Q_3^2 \tag{3.56}$$

ここで，$\lambda_i (i=1, 2, 3)$ は以下の式で表される．

$$\lambda_i = f\frac{l_i}{D_i}\frac{8}{g\pi^2 D_i^4} \qquad (i=1, 2, 3) \tag{3.57}$$

また，連続の式より

$$Q_1 \pm Q_2 = Q_3 \tag{3.58}$$

が成り立つ．上式で＋のときは合流，－のときは分岐を表している．

未知数は Q_1，Q_2，Q_3，E_D の四つであり，方程式は式 (3.54)，(3.55)，(3.56)，(3.58) の 4 式であるので，未知数を求めることができる．ただし，式 (3.55) において＋（合流）か，－（分岐）かを予知する必要がある．まず，$E_D = H_B (Q_2 = 0)$ と仮定して，式 (3.54)，(3.56) から Q_1 と Q_3 を求める．$Q_1 > Q_3$ のときは分岐管，$Q_1 < Q_3$ のときは合流管と推定される．

分岐管か合流管が決まれば，式 (3.55) の符号が決まり，式 (3.54)，(3.55)，(3.56)，(3.58) の 4 式の連立方程式を解けばよい．実際に，貯水池がより多くなった場合には管系が複雑になり，連立方程式を解くのは実用上困難である．実際には試算法という方法が用いられる．具体的には，試行錯誤的に E_D を変化させて式 (3.54)～(3.56) から Q_1，Q_2，Q_3 を求め，与えられた E_D に対する流量誤差 $\Delta Q = (Q_1 \pm Q_2) - Q_3$ を求め，$\Delta Q = 0$（連続の式，式 (3.58)）を満足するような Q_1，Q_2，Q_3 を求める．

例えば，図 3.21 において $H_A = 20$ m，$H_B = 17$ m，$H_C = 10$ m とし，$l_1 = 1\,500$ m，$l_2 = 1\,200$ m，$l_3 = 1\,000$ m，$D_1 = D_2 = D_3 = 0.5$ m，$f = 0.02$ とした場合を考

3.4 複雑な管路

える。まず、$E_D = H_B$ と仮定して式 (3.54)、(3.56) より Q_1 と Q_3 を求めると、つぎのような解が得られる。

$$\lambda_1 = f\frac{l_1}{D_1}\frac{8}{g\pi D_1^4} = 79.103 \text{ m}^{-5} \cdot \text{s}^2 \qquad \lambda_2 = f\frac{l_2}{D_2}\frac{8}{g\pi D_2^4} = 63.522 \text{ m}^{-5} \cdot \text{s}^2$$

$$\lambda_3 = f\frac{l_3}{D_3}\frac{8}{g\pi D_3^4} = 52.935 \text{ m}^{-5} \cdot \text{s}^2$$

$$Q_1 = \sqrt{\frac{H_A - E_D}{\lambda_1}} = 0.195 \text{ m/s} \tag{3.59}$$

$$Q_3 = \sqrt{\frac{E_D - H_C}{\lambda_3}} = 0.364 \text{ m/s} \tag{3.60}$$

上式より $Q_1 < Q_3$ となり、点Dは合流管と推定される。よって、連結点Dの全エネルギー水頭 E_D を変化させて計算すると、流量誤差 ΔQ は表3.4のようになる。

表3.4 E_D を変化させたときの流量計算

E_D [m]	Q_1 [m³/s]	Q_2 [m³/s]	Q_3 [m³/s]	$\Delta Q = (Q_1 + Q_2) - Q_3$ [m³/s]
17.0	0.195	0	0.364	-0.169
16.5	0.210	0.089	0.350	-0.051
16.0	0.225	0.125	0.337	0.013

表3.4の結果を図式化したものが**図3.22**である。図より、流量誤差 ΔQ (= $Q_1 + Q_2 - Q_3$) が0になるのは $E_D = 16.11$ m のときである。このときの各流量は $Q_1 = 0.222$ m³/s, $Q_2 = 0.118$ m³/s, $Q_3 = 0.340$ m³/s となり、$\Delta Q = Q_1 + Q_2 - Q_3 = 0$ を満たしている。

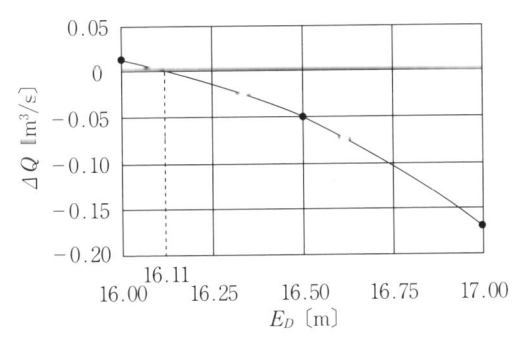

図3.22 E_D の変化に伴う流量誤差 ΔQ

3.4.5 管網計算

各家庭への上水の配水は網目状の配管によって行われる。この網目状の管路系を**管網**（pipe network）と呼ぶ。上水道の設計においてはそれぞれの管の流量や水圧を計算することが求められるが，そのような計算を管網計算と呼ぶ。以下では管網計算について説明する。

図 3.23 に示すような管網を考える。管路の接合点は節点と呼ばれ，節点と節点の間をつなぐ管路には実際には曲がりなどのさまざまな形状があるが，簡単のために直線で結ぶ。管網は節点と閉回路から成り，図 3.23 の場合は，8 個の節点（A～H）と 3 個の閉回路（I～III）から成る。節点において水が管網に供給され，需要に応じて節点から水が流出していく。また，各閉回路において便宜上時計回りの流れ方向を正とし，反時計回りを負とする。例えば，図に示すように時計回りに流れていれば正，反時計回りに流れていれば負とする。

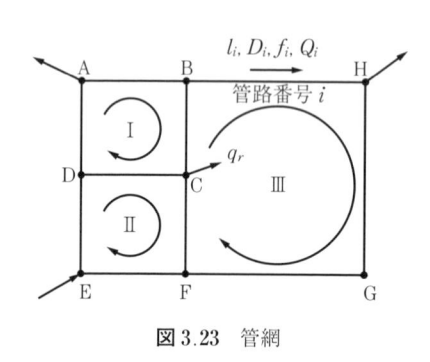

図 3.23 管網

管網計算においては，以下の二つの条件が適用される。

（ⅰ）節点での流量条件

各管路もしくは管網外から節点に流入する流量，および各管路もしくは管網外に流出する流量の総和は連続の式を満足しなければならない。図 3.24 に示すようにある節点で管網から出ていく流量を q_r とすると，節点へ向かう流量 Q_i の和と等しくなければならず，以下の式を満足しなければならない。

$$q_r = \sum Q_i \qquad (3.61)$$

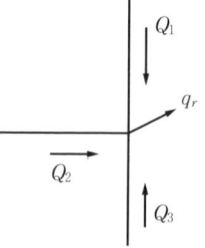

（ⅱ）閉回路での損失水頭条件

設定した閉回路に沿って時計回りに損失水頭を考えた場合に，1 周して元の地点に戻ったときの損失水頭は 0

図 3.24 節点での流量条件

3.4 複雑な管路

にならなければならない。ここで，閉回路に沿った時計回り方向と流向が同じ場合には損失水頭を正（＋）とし，逆向きの場合には損失水頭を負（－）と考えて計算を行う．

また，管路番号 i での損失水頭 h_i は一般的に以下のような形式で表すことができる．

$$h_i = r_i Q_i^m \tag{3.62}$$

ここでは，形状損失も含めて流量 Q_i のべき乗に比例する損失水頭を仮定し，損失係数を r_i で表している．よって，閉回路での損失水頭条件は次式となる．

$$\sum h_i = \sum r_i Q_i^m = 0 \tag{3.63}$$

ちなみに，形状損失を無視して摩擦損失のみを考慮し，摩擦損失水頭にダルシー・ワイスバッハ型（式 (3.9)）を仮定すると，式 (3.62) は以下のように書き表せる．

$$h_i = f_i \frac{l_i}{D_i} \frac{v_i^2}{2g} = f_i \frac{l_i}{D_i} \frac{\left(\frac{4}{\pi D_i^2}\right)^2}{2g} Q_i^2 = f_i \frac{l_i}{\pi D_i^5} \frac{8}{g} Q_i^2 = r_i Q_i^2$$

$$\left(r_i = f_i \frac{8 l_i}{g \pi D_i^5} \right) \tag{3.64}$$

ここで，l_i, D_i, f_i はそれぞれ管路番号 i での管長，管径，摩擦損失係数である．

管網計算においては，流量条件（式 (3.61)）と閉回路での損失水頭条件（式 (3.63)）を各節点，各閉回路に対して適用し，得られた条件式を連立させて解くことになる．しかし，未知数 Q_i の数が増えると計算がきわめて複雑になる．ここでは連立方程式によらない方法で，広く一般に用いられている**ハーディ・クロス**（Hardy-Cross）法について説明する．以下に手順を示す．

（1） 全管網を基本要素の閉回路に分ける．このとき，ある閉回路が他の閉回路を含まないようにする．

（2） 各節点での流量条件（式 (3.61)）を満足するように，各管路での流量および流向を仮定する．

（3） 各管路の損失水頭を求め，各閉回路での損失水頭条件（式 (3.63)）

を満足するかどうかを確認する。実際には，すべての閉回路で閉合誤差 ($\Sigma h_i = \Sigma r_i Q_i^m$) が許容範囲内になれば計算を終える。

(4) 上記（3）において式 (3.63) を満たさない場合，つまり $\Sigma h_i \neq 0$ の場合，各閉回路において流量を補正する必要がある。ある管路で仮定した流量 Q_i に補正流量 ΔQ を加えるとすると，流量変化に伴う損失水頭の変化量 Δh_i は以下のようになる。

$$h_i + \Delta h_i = r_i (Q_i + \Delta Q)^m = r_i Q_i^m \left(1 + \frac{\Delta Q}{Q_i}\right)^m = r_i Q_i^m \left\{1 + m\left(\frac{\Delta Q}{Q_i}\right) + \cdots\right\}$$

ここで，$\Delta Q / Q_i$ を微小とすれば $\Delta Q / Q_i$ の 2 乗以上の項は無視できる。よって，損失水頭の変化量 Δh_i は

$$\Delta h_i = r_i m Q_i^{m-1} \Delta Q$$

となり，式 (3.63) は

$$\sum (h_i + \Delta h_i) = \sum h_i + \sum \Delta h_i = \sum h_i + m \Delta Q \sum r_i Q_i^{m-1} = 0$$

となる。これより，補正流量 ΔQ は次式のように求まる。

$$\Delta Q = -\frac{\sum h_i}{m \sum r_i Q_i^{m-1}} = -\frac{\sum r_i Q_i^m}{m \sum r_i Q_i^{m-1}} \tag{3.65}$$

この補正流量は着目している閉回路に対するものであり，同様にして各閉回路に対する補正流量を求める。

(5) （2）で仮定した各管路の流量 Q_i に式 (3.65) で求めた補正流量 ΔQ を加えた流量 ($Q_i + \Delta Q$) を第 1 次補正流量として（3），（4）の計算を繰り返す。また，隣接する閉回路と重複する管路については，節点での流量条件を満足させるために隣接閉回路の補正流量 ΔQ の符号を逆にした分を加える必要がある。

一例として**図 3.25**（a）のような二つの閉回路から成る管網について計算を行う。閉合誤差の許容範囲が $|\Sigma h_i| \leq 0.05 \text{ m}$ となる条件で各管路の流量を求める。管路の直径を 50 cm，摩擦損失係数 f を 0.02 とすると，損失係数 r_i は次式のようになる。

3.4 複雑な管路

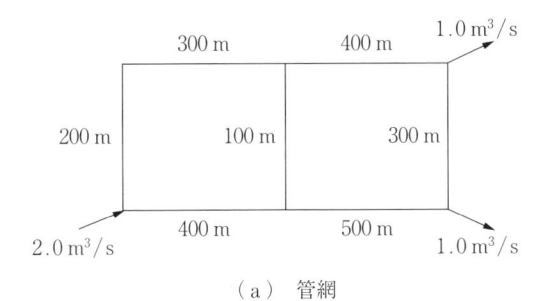

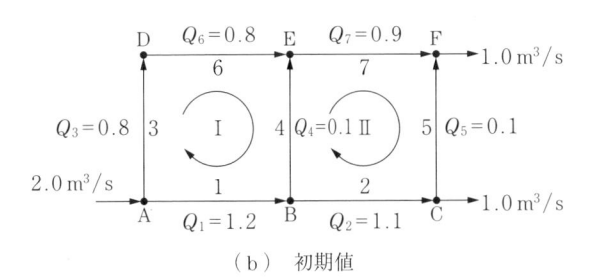

（a）管網

（b）初期値

図 3.25 管網の例題

$$r_i = f_i \frac{8 l_i}{g \pi D_i^5} = 0.02 \times \frac{8}{9.8 \times 3.14 \times 0.5^5} \times l_i = 0.1664 \times l_i$$

よって，各管路の損失係数 r_i は**表 3.5** のようになる。各閉回路での損失水頭条件（式 (3.63)）は，流れの方向を考慮して以下の式で表される。

$$\sum h_i = \sum r_i Q_i |Q_i| = 0$$

補正流量 ΔQ は式 (3.65) より次式のようになる。

$$\Delta Q = -\frac{\sum' r_i Q_i |Q_i|}{2 \sum r_i |Q_i|}$$

まず，各管路の流量の初期値を図 3.25（b）のように設定して計算を始める。上述の手順に従って計算を繰り返す。計算結果を**表 3.6** に示す。3 回の計算を繰り返すことによって閉合誤差が許容範囲内になり，計算が終了する。

3. 管　路　流

表3.5　各管路の損失係数

管路番号	1	2	3	4	5	6	7
管長 l_i [m]	400	500	200	100	300	300	400
損失係数 r_i [$m^{-5} \cdot s^2$]	66.56	83.2	33.28	16.64	49.92	49.92	66.56

表3.6　計算結果

（a）繰返し1回目

閉回路	管路番号	仮定流量 Q_i [m^3/s]	$r_i Q_i\|Q_i\|$ [m]	$2r_i\|Q_i\|$ [$m^{-2} \cdot s$]	補正流量 ΔQ [m^3/s]	$Q_i + \Delta Q$ [m^3/s]	隣接閉回路補正 [m^3/s]
I	1	−1.2	−95.846	159.744	$\Delta Q_{\mathrm{I}} =$ $-\dfrac{\sum r_i Q_i \|Q_i\|}{2\sum r_i \|Q_i\|}$ $= 0.144$	−1.056	
	3	0.8	21.299	53.248		0.944	
	4	−0.1	−0.166 4	3.328		−0.105	−0.149
	6	0.8	31.949	79.872		0.944	
	計		−42.764	296.192			
II	2	−1.1	−100.672	183.04	$\Delta Q_{\mathrm{II}} =$ $-\dfrac{\sum r_i Q_i \|Q_i\|}{2\sum r_i \|Q_i\|}$ $= 0.149$	−0.951	
	4	0.1	0.166 4	3.328		0.105	−0.144
	5	−0.1	−0.499 2	9.984		−0.049	
	7	0.9	53.914	119.808		1.049	
	計		−47.091	119.808			

（b）繰返し2回目

閉回路	管路番号	仮定流量 Q_i [m^3/s]	$r_i Q_i\|Q_i\|$ [m]	$2r_i\|Q_i\|$ [$m^{-2} \cdot s$]	補正流量 ΔQ [m^3/s]	$Q_i + \Delta Q$ [m^3/s]	隣接閉回路補正 [m^3/s]
I	1	−1.056	−74.170	140.524	$\Delta Q_{\mathrm{I}} =$ $-\dfrac{\sum r_i Q_i \|Q_i\|}{2\sum r_i \|Q_i\|}$ $= 0.000\,495$	−1.055	
	3	0.944	29.681	62.858		0.945	
	4	−0.105	−0.182	3.480		−0.110	−0.005 61
	6	0.944	44.522	94.287		0.945	
	計		−0.149	301.149			
II	2	−0.951	−75.254	158.255	$\Delta Q_{\mathrm{II}} =$ $-\dfrac{\sum r_i Q_i \|Q_i\|}{2\sum r_i \|Q_i\|}$ $= 0.005\,608$	−0.945	
	4	0.105	0.182	3.480		0.110	−0.000 50
	5	0.049	0.120	4.887		0.055	
	7	1.049	73.235	139.636		1.055	
	計		−1.717	306.258			

演　習　問　題

表 3.6　（続き）
（ c ）　繰返し 3 回目

閉回路	管路番号	仮定流量 Q_i [m³/s]	$r_iQ_i|Q_i|$ [m]	$2r_i|Q_i|$ [m⁻²·s]	補正流量 ΔQ [m³/s]	$Q_i+\Delta Q$ [m³/s]	隣接閉回路補正 [m³/s]
I	1	-1.055	-74.100	140.458	$\Delta Q_{\mathrm{I}}=$	-1.055	
	3	0.945	29.712	62.891	$-\dfrac{\sum r_iQ_i|Q_i|}{2\sum r_i|Q_i|}$	0.945	
	4	-0.110	-0.200	3.650		-0.110	
	6	0.945	44.568	94.337	$=6.62\times10^{-5}$	0.945	
	計		-0.020	301.336			
II	2	-0.945	-74.370	157.322	$\Delta Q_{\mathrm{II}}=$	-0.945	
	4	0.110	0.200	3.650	$-\dfrac{\sum r_iQ_i|Q_i|}{2\sum r_i|Q_i|}$	0.110	
	5	0.055	0.149	5.447		0.055	
	7	1.055	74.021	140.382	$=7.78\times10^{-7}$	1.055	
	計		0.00	306.801			

演　習　問　題

〔3.1〕 **図 3.26** に示すような水平に置かれたベンチュリーメータにおいて，点 A および点 B で流速 v_A，v_B で水が流れている。点 A および点 B での管径がそれぞれ $D_A=30$ cm，$D_B=10$ cm，水銀柱の高低差 Δh が 5 cm のとき，管内の流量 Q を求めよ。ただし，水銀の比重は 13.6 とする。

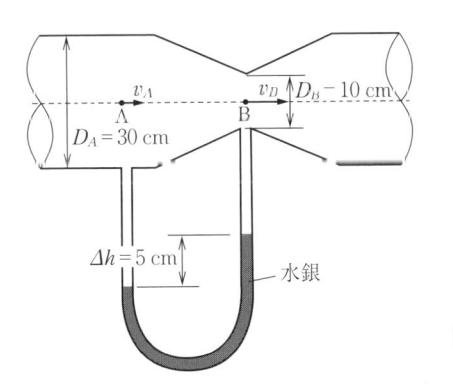

図 3.26

〔3.2〕 図 3.27 に示すような貯水池 A から貯水池 B に水を送る管路がある。このときの流量 Q を求めよ。ただし、管の摩擦損失係数を $f=0.02$、入口損失係数を $f_e=0.5$、曲がり損失係数を $f_b=0.5$、出口損失係数を $f_o=1.0$ とする。

図 3.27

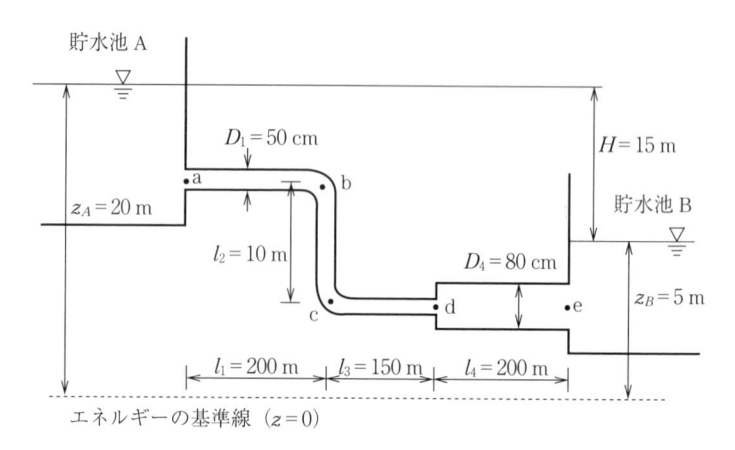

〔3.3〕 図 3.28 に示すようなサイフォンがある。管の直径は $D=20\,\mathrm{cm}$ であり、管の摩擦損失係数が $f=0.02$、入口損失係数が $f_e=0.5$、曲がり損失係数が $f_b=0.3$ のとき、サイフォンが成立するかどうかを調べよ。

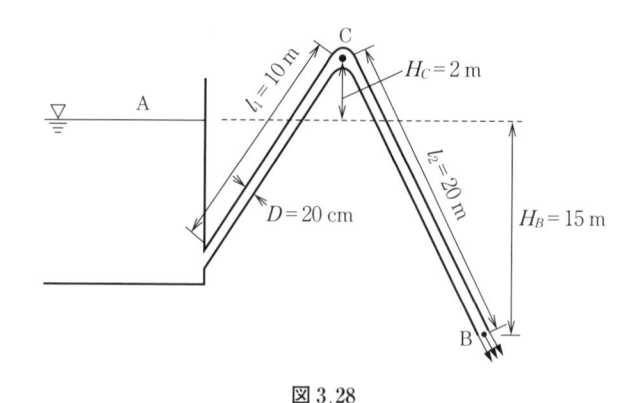

図 3.28

〔3.4〕 図 3.29 に示すように管が三つに分岐し、再び合流する管路がある。三つの管はそれぞれ、管長が $l_1=200\,\mathrm{m}$、$l_2=100\,\mathrm{m}$、$l_3=200\,\mathrm{m}$、管径が $D_1=20\,\mathrm{cm}$、$D_2=50\,\mathrm{cm}$、$D_3=50\,\mathrm{cm}$ である。エネルギー損失は摩擦損失のみを考え、形状損失は無視

演 習 問 題

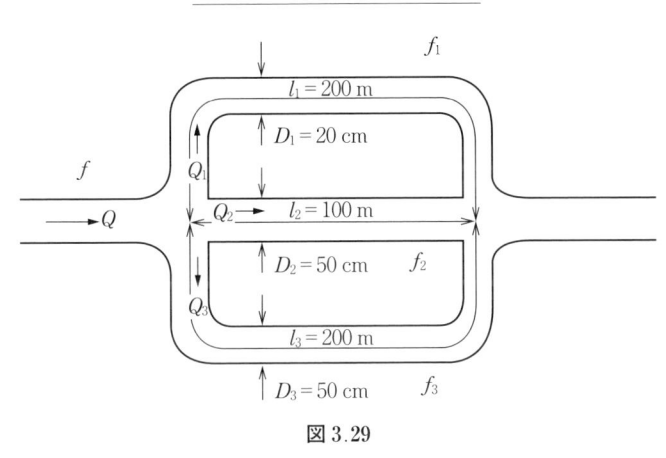

図3.29

できるものとする。摩擦損失係数が $f=f_1=f_2=f_3$ のとき，各管路への流量分配比 Q_1/Q，Q_2/Q，Q_3/Q を求めよ。

〔3.5〕 図3.30のような管網がある。エネルギー損失として摩擦損失のみを考え，形状損失は無視できるものとする。すべての管路の管径は50 cmであり，摩擦損失係数を $f=0.02$ とする。閉合誤差2 m以下の精度で管網の流量を求めよ。

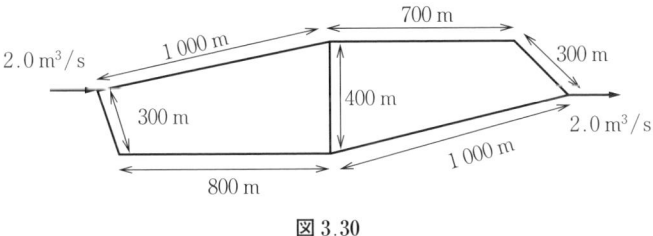

図3.30

4章 開水路流

◆ 本章のテーマ

本章では河川や用水路など，自由水面を持った開水路流の特性を学習する。まず，開水路流における連続の式，およびエネルギー式の適用法を理解する。また一般的に用いられている開水路等流の流量公式について学習し，つぎに開水路不等流の水面形を理解する。さらに，開水路非定常流の基礎式を学習し，段波や洪水流の伝播について理解する。開水路に関連する施設としてオリフィスおよび刃形ぜきの越流について学ぶ。

◆ 本章の構成（キーワード）

4.1 開水路流の基本的事項
   エネルギー保存則，常流，射流，限界流，跳水現象

4.2 開水路の等流・不等流
   開水路等流の流速公式，開水路不等流の水面形，ダム越流部の流れ

4.3 開水路非定常流
   開水路非定常流の基礎式，段波の伝播，洪水流の伝播

4.4 オリフィスおよびせきの越流
   オリフィス，刃形ぜき，流量公式

◆ 本章を学ぶと以下の内容をマスターできます

☞ 開水路における連続の式とエネルギー保存則
☞ 開水路の等流および不等流
☞ 段波や洪水流などの開水路非定常流の扱い

4.1 開水路流の基本的事項

4.1.1 開水路流におけるエネルギー保存則

開水路流（open channel flow）は，河川や用水路のように自由水面を有する流れである。3章で述べたとおり，自由水面を有しない管路流は，圧力勾配と重力の作用の下で流れている。自由水面を有する開水路流は基本的に重力が支配的な流れである。まず，定常状態の開水路流におけるエネルギー保存則について考える。

図 4.1 に示すような開水路流を考える。点 A での全エネルギー水頭 E_T は次式で表される。

$$E_T = \frac{\alpha v^2}{2g} + (z + z') + \frac{p}{\rho_0 g} \quad (4.1)$$

ここで，z はエネルギーの基準線から水路床までの高さ，z' は水路床から水中のある点 A までの高さ，v は断面平均流速，ρ_0 は水の密度，g は重力加速度である。α は前章で定義されたエネルギー補正係数であり，実用上 $\alpha = 1.0$ が用いられる。また，圧力 p は静水圧と考え，$p = \rho_0 g(h - z')$ とおくことができる。このとき，式 (4.1) は次式のように書き表される。

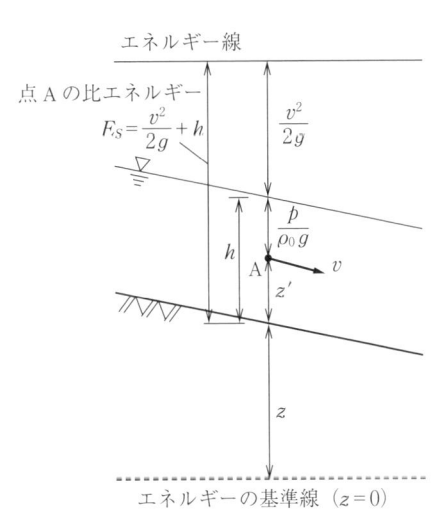

図 4.1 開水路流におけるエネルギー保存則

$$E_T = \frac{v^2}{2g} + z + h \quad (4.2)$$

開水路流において流下方向にエネルギー損失がない場合，$E_T =$ 一定 となり，式 (4.2) はエネルギー保存式であるベルヌーイの式となる。

開水路流に関してはもう一つのエネルギーの指標として，水路床を基準面と

した点 A での**比エネルギー**（specific energy）E_S があり，次式で定義される。

$$E_S = \frac{v^2}{2g} + h \tag{4.3}$$

連続の式について考えると，定常流なので流量 Q が一定となる。よって連続式は次式となる。

$$Q = Av = 一定 \tag{4.4}$$

4.1.2 常流・射流・限界流

2章で述べたとおり，開水路流はフルード数 $Fr = v/\sqrt{gh}$ によって大きく常流と射流に分類される。フルード数 Fr は流速 v と長波の波速 $\sqrt{gh}$ の比であり，$Fr < 1$ の場合は，$v < \sqrt{gh}$ となり，下流で生じた長波性の擾乱が上流側に伝わる。このような流れを常流と呼ぶ。常流の場合，下流の水面条件が上流に影響するため，下流端を境界条件として水面を計算しなければならない。また，$Fr > 1$ の場合には，$v > \sqrt{gh}$ となり，下流側で生じた長波性の擾乱は上流側に伝わることができない。このような流れを射流と呼ぶ。射流の場合には，下流の水面条件が上流側に影響しないため，水面形状を計算するときには上流端を境界条件としなければならない。$Fr = 1$ のときには限界流と呼ばれる。

図 4.2 に示すようなせきを越える定常流れを考える。せきの上流側では，十分に水深があり常流であるとする。せきを越えた後に射流になる場合，せき部で常流から射流に滑らかに変化する。エネルギー損失がない場合，エネルギー線は一定となり，図からわかるようにせき頂で比エネルギー E_S が最小になる。つまり，せき頂で $Fr = 1$ となって常流から射流に変化する。これからわかるとおり，流量 Q が一定で比エネルギー E_S が最小となるときに限界流となり，そのときの水深を限界水深 h_C という。これを**ベスの定理**（Böss's theorem）と呼ぶ。**図 4.3**（a）に比エネルギー E_S と水深 h との関係を示す。同一の比エネルギーに対して存在する二つの水深の解は常流と射流の場合に対応する。図（b）に一定の単位幅あたりの流量（$q = Q/B$）を変化させたときの E_S と h の関係を示す。

4.1 開水路流の基本的事項

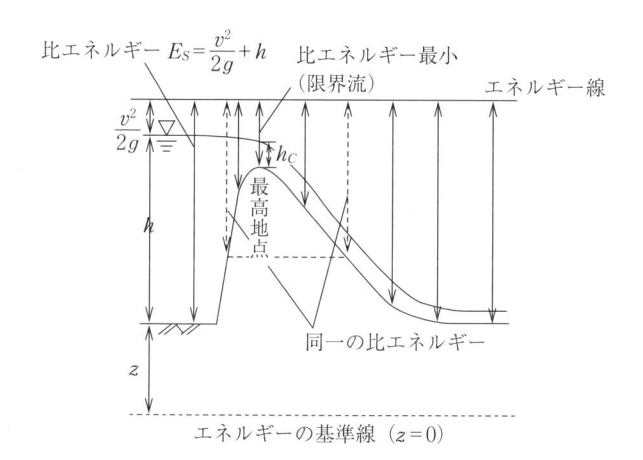

図4.2 せきを超える開水路流における比エネルギー E_S の変化

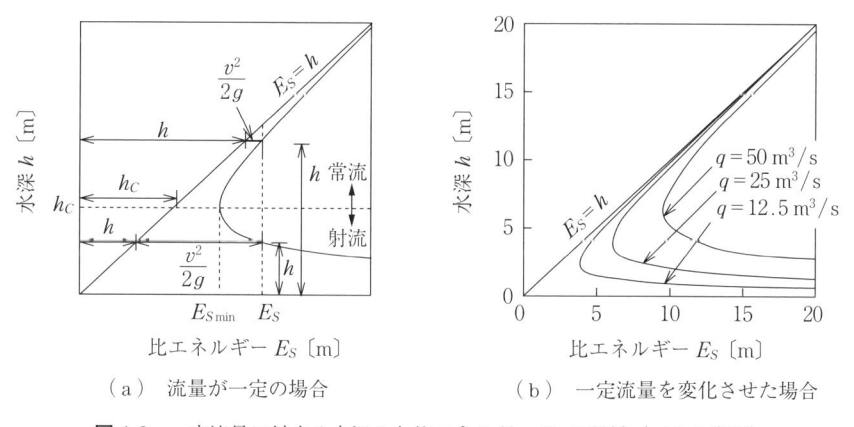

図4.3 一定流量に対する水深 h と比エネルギー E_S の関係（ベスの定理）
（a）流量が一定の場合
（b）一定流量を変化させた場合

また，比エネルギー E_S が一定の場合に最大流量を流すと限界流となり，限界水深 h_C が現れる。これを**ベランジェの定理**（Belanger's theorem）という。図4.4（a）に比エネルギーが一定の場合の流量と水深の関係（流量図）を示す。流量が最大になるところで限界水深となり，フルード数 Fr が1となる。図4.4（b）には3種類の一定比エネルギー E_S に対する流量と水深の関係を示している。

まず，幅 B の長方形断面水路の場合の限界水深 h_C について考える。単位幅

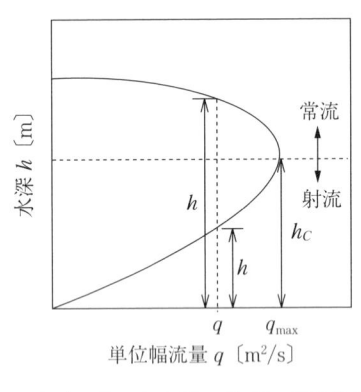

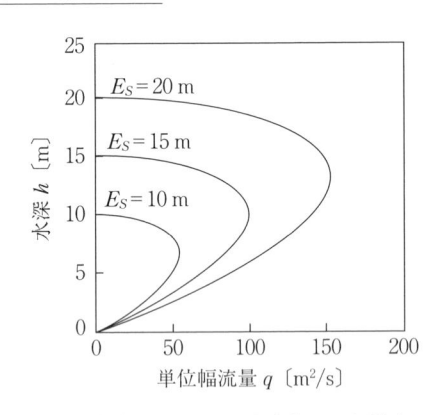

(a) 比エネルギー E_S が一定の場合 (b) 一定の E_S を変化させた場合

図 4.4 比エネルギー E_S が一定の場合の水深 h と単位幅流量 q の関係
（ベランジェの定理）

あたりの流量を $q = Q/B = hv =$ 一定 とする。ベスの定理より以下の式が導かれる。

$$\frac{dE_S}{dh} = \frac{d}{dh}\left(\frac{v^2}{2g} + h\right) = \frac{d}{dh}\left(\frac{1}{2g}\frac{q^2}{h^2} + h\right) = 0 \tag{4.5}$$

$$-\frac{q^2}{gh^3} + 1 = 0 \tag{4.6}$$

式 (4.6) は $Fr = v/\sqrt{gh} = 1$ となり，限界流の条件となる。また，式 (4.6) を満足する水深，つまり限界水深 h_C は以下のようになる。

$$h_C = \sqrt[3]{\frac{q^2}{g}} = \sqrt[3]{\frac{Q^2}{gB^2}} \tag{4.7}$$

つぎに，一般断面形を有する開水路における限界流について考える。図 4.5 のような断面の開水路で，断面積を A とする

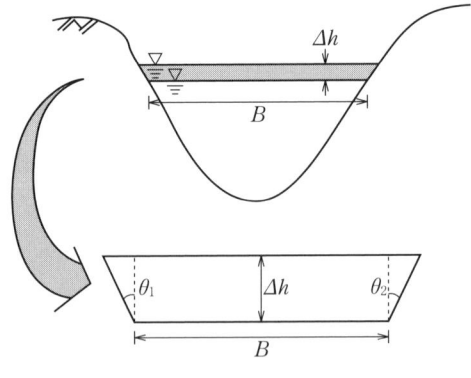

図 4.5 一般断面の限界水深

と流速は $v = Q/A$ となる。よって，ベスの定理より式 (4.5) は次式となる。

4.1 開水路流の基本的事項

$$\frac{dE_S}{dh} = \frac{d}{dh}\left(\frac{1}{2g}\frac{Q^2}{A^2} + h\right) = -\frac{1}{g}\frac{Q^2}{A^3}\frac{dA}{dh} + 1 = 0 \tag{4.8}$$

上式の dA/dh は $dA/dh = \lim_{\Delta h \to 0}(\Delta A/\Delta h)$ と定義される。図 4.5 より，水深が h から $h+\Delta h$ に増加する状況を考える。Δh が微小な場合には，増加した面積 ΔA は台形の面積で近似できる。よって，dA/dh は次式のようになる。

$$\frac{dA}{dh} = \lim_{\Delta h \to 0}\frac{\Delta A}{\Delta h} = \lim_{\Delta h \to 0}\frac{\frac{1}{2}\Delta h \times \Delta h \tan\theta_1 + B\Delta h + \frac{1}{2}\Delta h \times \Delta h \tan\theta_2}{\Delta h} = B \tag{4.9}$$

式 (4.9) を式 (4.8) に代入すると

$$\frac{1}{g}\frac{Q^2}{A^3}B = 1 \quad \Rightarrow \quad \frac{v^2}{g\overline{H_C}} = 1 \tag{4.10}$$

となる。ここで，$\overline{H} = A/B$ を断面平均水深と呼ぶことにし，限界流での断面平均水深を H_C とする。式 (4.10) から，一般断面形の開水路の場合，断面平均水深 $\overline{H}$ を用いたフルード数が 1 となるときに限界流となることがわかる。

例題 4.1

図 4.6 に示すような三角形断面の開水路を考える。このときの限界水深 h_C と流量 Q を求めよ。

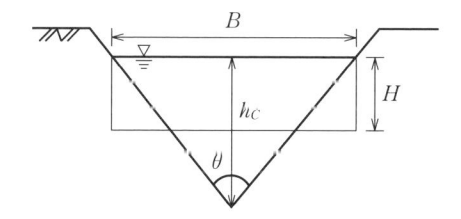

図 4.6 三角形断面の限界水深

解答

このときの断面平均水深 $\overline{H}$ は

$$\overline{H} = \frac{A}{B} = \frac{\frac{1}{2} \times h \times \left(h \times \tan\frac{\theta}{2} \times 2\right)}{h \times \tan\frac{\theta}{2} \times 2} = \frac{h}{2}$$

となる。限界流では，式 (4.10) より限界水深 h_C がつぎのように求まる。

$$h_C = \frac{2v^2}{g} = \frac{2Q^2}{gA^2} = \frac{2Q^2}{g \times \left(h_C^2 \tan\frac{\theta}{2}\right)^2}$$

$$\Rightarrow \quad h_C = \left(\frac{2Q^2}{g\tan^2\frac{\theta}{2}}\right)^{\frac{1}{5}}, \quad \left(Q = \sqrt{\frac{g}{2}}\tan\frac{\theta}{2} \cdot h_C^{\frac{5}{2}}\right)$$

4.1.3 跳水現象

開水路定常流において流れの方向に常流から射流へ遷移するとき，水深は徐々に減少し，限界水深を経て滑らかに射流へと遷移する。しかし，下流方向へ射流から常流に遷移するときには，激しい渦運動を伴った急激な変化が生じる。この現象を**跳水**（hydraulic jump）と呼ぶ。跳水部では渦運動などによりエネルギーが奪われる。例えば，ダムなどの放流では，ダムに貯留された水の位置エネルギーをそのまま下流側に運動エネルギーとして流せば，河道やその周辺を侵食してしまう可能性がある。ダムでは放水設備に減勢工が設置されており，人工的に跳水を発生させてエネルギーを消費させ，水を安全に下流側に流すような工夫がなされている。

まず，跳水が生じたときの跳水前と跳水後で水理条件がどのような関係になるかを調べる。前述のように跳水ではエネルギー損失が生じており，ベルヌーイの定理をそのまま用いることはできない。ここでは運動量の定理（2.2.8項参照）を用いる。**図 4.7** に跳水の模式図を示している。簡単化するために，水平の水路床と一定の幅 B を持つ長方形断面水路を考え

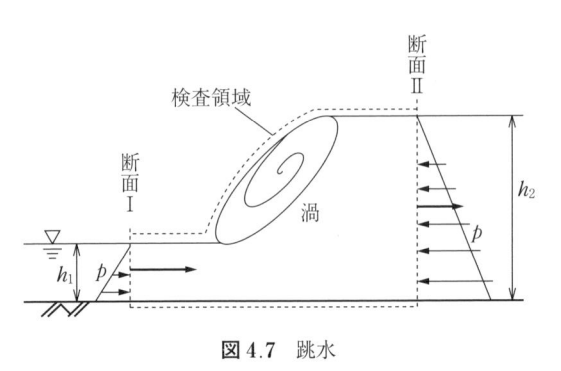

図 4.7 跳水

4.1　開水路流の基本的事項

る。検査領域を跳水前の断面Ⅰから跳水後の断面Ⅱまでの図に示す破線の領域とした場合，運動量は水平方向のみの収支となるため，水平方向のみの運動量の定理を考える。一般に跳水区間は短いために壁面での摩擦力を無視することができ，検査領域に作用する水平方向の力は水圧のみとなり，静水圧を仮定することができる。流量 Q を一定とした場合，運動量の定理より，跳水前の断面Ⅰにおける水深 h_1，流速 v_1，および跳水後の断面Ⅱにおける水深 h_2，流速 v_2 の関係は次式により表される。

$$\rho_0 q v_2 - \rho_0 q v_1 = \frac{1}{2}\rho_0 g h_1^2 - \frac{1}{2}\rho_0 g h_2^2 \tag{4.11}$$

ここで q は単位幅流量（$=Q/B$），ρ_0 は水の密度，g は重力加速度である。連続の式より $q = v_1 h_1 = v_2 h_2$ となるので，式 (4.11) は

$$q\left(\frac{q}{h_2} - \frac{q}{h_1}\right) = \frac{g}{2}\left(h_1^2 - h_2^2\right) \quad \Rightarrow \quad \frac{q^2}{g h_1^3}\left(\frac{h_1}{h_2} - 1\right) = \frac{1}{2}\left\{1 - \left(\frac{h_2}{h_1}\right)^2\right\}$$

と書き直される。連続の式 $v_1^2 = q^2/h_1^2$ より $q^2/gh_1^3 = v_1^2/gh_1 = Fr_1^2$（$Fr_1$ は断面Ⅰでのフルード数）となる。また，上式で $X = h_2/h_1$ とおけば以下のようになる。

$$Fr_1^2\left(\frac{1}{X} - 1\right) = \frac{1}{2}(1 - X^2) \quad \Rightarrow \quad (X-1)(X^2 + X - 2Fr_1^2) = 0 \tag{4.12}$$

式 (4.12) を X について解けば，跳水前の水深 h_1 と跳水後の水深 h_2 の関係が求められる。式 (4.12) を満足するのは

$$X - 1 = 0 \quad \text{または} \quad X^2 + X - 2Fr_1^2 = 0$$

の二つのケースである。

まず $X - 1 = 0$ の場合，$h_1 = h_2$ となり，跳水が生じないときの解に相当するため，ここでの対象にはならない。

つぎに $X^2 + X - 2Fr_1^2 = 0$ の場合，解の公式により

$$X = \frac{h_2}{h_1} = \frac{-1 \pm \sqrt{1 + 8Fr_1^2}}{2}$$

の解を得る。以上の二つの解のうち

$$\frac{h_2}{h_1} = \frac{-1 - \sqrt{1 + 8Fr_1^2}}{2} < 0$$

は物理的に存在しない。よって，跳水の条件として以下の解が得られる。

$$\frac{h_2}{h_1} = \frac{-1 + \sqrt{1 + 8Fr_1^2}}{2} \tag{4.13}$$

上式 (4.13) より，跳水前の水理条件である水深 h_1，流速 v_1 が決まれば跳水後の水深 h_2 が得られる。水深 h_2 の解と連続の式により，流速 v_2 が求まり，跳水後の水理条件が決まる。

続いて，跳水によるエネルギー損失水頭 ΔE について考察する。ΔE は次式で定義される。

$$\Delta E = E_{T1} - E_{T2} = \left(\frac{v_1^2}{2g} + z_1 + h_1\right) - \left(\frac{v_2^2}{2g} + z_2 + h_2\right) \tag{4.14}$$

ここで，z_1, z_2 はそれぞれエネルギーの基準線から断面Ⅰ，Ⅱまでの高さである。いま，水平水路床を考えているので，$z_1 = z_2$ である。また，連続の式より式 (4.14) は以下のようになる。

$$\Delta E = \left(\frac{q^2}{2gh_1^2} + h_1\right) - \left(\frac{q^2}{2gh_2^2} + h_2\right) = \frac{q^2}{2g}\left(\frac{h_2^2 - h_1^2}{h_1^2 h_2^2}\right) + (h_1 - h_2) \tag{4.15}$$

式 (4.11)（運動量の定理）より

$$q^2 = \frac{g}{2}\left(h_1^2 - h_2^2\right)\frac{h_1 h_2}{h_1 - h_2} = \frac{g}{2}(h_1 + h_2)h_1 h_2$$

となり，これを式 (4.15) に代入すると

$$\Delta E = \frac{(h_2 - h_1)^3}{4 h_1 h_2} \tag{4.16}$$

を得る。上式に跳水前後の水深の解を代入してエネルギー損失水頭を求めることができる。以上のように式 (4.13)，(4.16) を用いることによって，跳水前の水深と流速の水理条件が決まれば，跳水後の水理条件と跳水によるエネルギー損失水頭が決まる。

4.2 開水路の等流・不等流

4.2.1 開水路等流の平均流速公式

開水路の等流とは，水路断面形が場所によらず一定の場合に水深，流速が変化しない流れである．**図 4.8** に示すような開水路等流に検査領域を設定して流れ方向の運動量の収支を考えると，断面Ⅱから出ていく運動量と断面Ⅰから入ってくる運動量は等しくなり，その収支は0となる．よって，検査領域に作用している力がつり合った状態となっていることがわかる．図からわかるように，検査領域に作用している力は水路床勾配に対応する重力，水路壁面での摩擦力，断面Ⅰ，Ⅱに作用している圧力である．断面Ⅰ，Ⅱは同じ断面形状，水深を有し，作用する圧力は同じになるため，最終的には重力と水路壁面との摩擦力がつり合った状態となる．つまり，開水路の等流は，水塊に作用する重力と水路壁面での摩擦力がつり合った流れを意味する．

図 4.8 を参照して，検査領域の水塊に作用する重力は

$$W \sin \theta = \rho_0 g A l \sin \theta \tag{4.17}$$

である．また，水路壁面に作用するせん断力 T はせん断応力を τ とすると

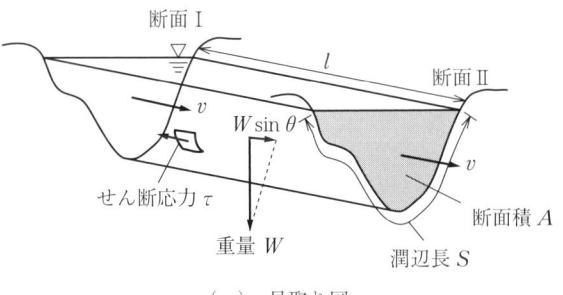

(a) 見取り図

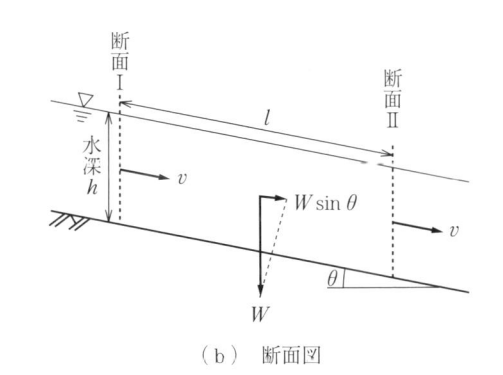

(b) 断面図

図 4.8 開水路等流

$$T = \tau Sl \tag{4.18}$$

となる。ここで S は潤辺長である。

通常の開水路流は一般的に乱流状態で流れていると考えてよく，せん断応力 τ は平均流速の2乗に比例することが知られており，次式で表すことができる。

$$\tau = f' \frac{\rho_0 v^2}{2} \tag{4.19}$$

等流は，検査領域の水塊に作用する重力と水路壁面のせん断力がつり合っている流れであるため，W と T が等しくなり，式 (4.17)，(4.18) より式 (4.19) を用いると

$$f' \frac{\rho_0 v^2}{2} Sl = \rho_0 g Al \sin\theta \quad \Rightarrow \quad v = \sqrt{\frac{2g}{f'}} \sqrt{RI} \tag{4.20}$$

となる。ここで，$R\ (=A/S)$ は径深である。$I = \tan\theta \fallingdotseq \sin\theta\ (\theta \ll 1)$ はエネルギー勾配であり，等流の場合は水路床勾配 $i\ (=\sin\theta)$ に等しい ($I = i$)。式 (4.20) は開水路等流の平均流速公式であり，ダルシー・ワイスバッハ型の平均流速公式である (3.2節参照)。

また，等流の平均流速に関するその他の経験式として**シェジー** (Chézy) の式 (式 (4.21)) と**マニング** (Manning) の式 (式 (4.22)) がよく用いられる。

$$v = C\sqrt{RI} \quad (シェジーの式) \tag{4.21}$$

$$v = \frac{1}{n} R^{\frac{2}{3}} I^{\frac{1}{2}} \quad (マニングの式) \tag{4.22}$$

ここで，C はシェジー係数，n はマニングの粗度係数と呼ばれ，実験的に決定される。式 (4.20)～(4.22) より，それぞれの係数間には次式の関係がある。

$$\left. \begin{array}{ll} C = \sqrt{\dfrac{2g}{f'}} & \Rightarrow \quad f' = \dfrac{2g}{C^2}, \\[2ex] n = \sqrt{\dfrac{f'}{2g}} R^{\frac{1}{6}} & \Rightarrow \quad f' = \dfrac{2gn^2}{R^{\frac{1}{3}}} \end{array} \right\} \tag{4.23}$$

一般的によく用いられるのはマニングの式である。マニングの粗度係数は $[\mathrm{m}^{-1/3} \cdot \mathrm{s}]$ という単位を持っており，壁面の粗さにより決まる係数である。マ

表 4.1 マニングの粗度係数 n の概略値[20]

壁面の素材	n の概略値 [$\mathrm{m}^{-1/3}\cdot\mathrm{s}$]
自由表面を持つ暗渠	
平滑な鋼表面	$0.011 \sim 0.017$
セメント	$0.010 \sim 0.015$
レンガ工	$0.011 \sim 0.018$
こて仕上げコンクリート（底面，側面）	$0.015 \sim 0.035$
砂利（底面，側面）	$0.017 \sim 0.036$
植物被覆	$0.030 \sim$
人工水路	
真ちゅう	$0.009 \sim 0.013$
鋳鉄	$0.010 \sim 0.016$
錬鉄	$0.012 \sim 0.017$
波形金属	$0.017 \sim 0.030$
セメント	$0.010 \sim 0.015$
コンクリート	$0.010 \sim 0.020$
木材	$0.010 \sim 0.020$
粘土	$0.011 \sim 0.018$
レンガ工	$0.011 \sim 0.017$
自然流路	
平野の小水路	$0.025 \sim 0.080$
山地流路	$0.030 \sim 0.070$
大流路	$0.025 \sim 0.100$

ニングの粗度係数 n の概略値を**表 4.1** に示す．

4.2.2　等流水深と限界勾配

等流で流れているときの水深を等流水深 h_0 と呼ぶ．開水路等流の平均流速公式としてシェジーの式およびマニングの式を用いて等流水深 h_0 を求める．まず，開水路等流ではエネルギー勾配 I と水路床勾配 i は等しいので，流量は次式で表される．

$$Q = Av = CA\sqrt{Ri} = \frac{1}{n}AR^{\frac{2}{3}}i^{\frac{1}{2}} \tag{4.24}$$

（シェジー）　（マニング）

ここで，幅広の長方形断面水路における等流水深 h_0 を考える．幅広長方形断面水路では $B \gg h$ なので，径深 R は

$$R = \frac{A}{S} = \frac{Bh}{B+2h} = \frac{h}{1+2h/B} \fallingdotseq h$$

となり，式 (4.24) を満足する等流水深 h_0 は次式で与えられる．

$$h_0 = \left(\frac{Q}{CB\sqrt{i}}\right)^{\frac{2}{3}} = \left(\frac{n^2 Q^2}{B^2 i}\right)^{\frac{3}{10}} \quad (4.25)$$

（シェジー）　　（マニング）

限界水深 h_C（式 (4.7)）より等流水深 h_0 が高い場合（$h_C < h_0$）には常流となり，h_C より h_0 が低い場合（$h_C > h_0$）には射流となる．

式 (4.25) より，等流水深 h_0 は水路床勾配 i とともに変化することがわかる．これに対して，限界水深 h_C は，式 (4.7) からわかるように流量 Q と幅 B のみによって決まり，i には依存しない．ここで，限界水深と等流水深が等しくなるときの水路床勾配，水路床勾配を**限界勾配**（critical slope）i_C を考える．限界勾配 i_C は，式 (4.7) と式 (4.25) より以下のようになる．

$$i_C = \underbrace{\frac{g}{C^2}}_{\text{（シェジー）}} = \underbrace{\frac{n^2 B^{\frac{2}{9}} g^{\frac{10}{9}}}{Q^{\frac{2}{9}}}}_{\text{（マニング）}} = \frac{n^2 g}{h_C^{\frac{1}{3}}} \quad (4.26)$$

水路床勾配 i が限界勾配 i_C よりも小さい場合（$i < i_C$）には**緩勾配水路**（mild slope channel）と呼び，$h_0 > h_C$ となる．逆に，$i > i_C$ の場合には**急勾配水路**（steep slope channel）と呼び，$h_0 < h_C$ となる．

例題 4.2

実際の河川においては長方形の一様な断面であることはまれであり，特に大きな河川では**図 4.9** に示すような低水路（一段低くなっている水路部分）と高水敷（低水路より一段高くなっている部分）を持つ複断面が用いられることが多い．通常の少ない流量のとき水は低水路のみを流れるが，洪水時には高水敷にも水が流れ，大きな流量を流すことができるように設計されている．図 4.9 のような複断面水路の等流における流量 Q を求めよ．ただし，高水敷の粗度係数は n_1，低水路の粗度係数は n_2 である．

4.2 開水路の等流・不等流

マニングの粗度係数
■ n_1
▨ n_2

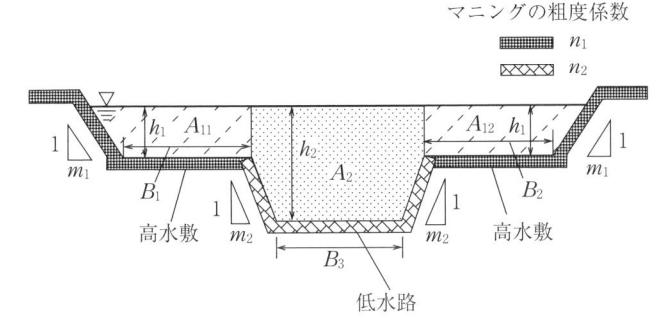

図 4.9 複断面水路

解答

複断面水路の河川では高水敷と低水路の粗度係数が異なる場合が多い。その場合は，高水敷上部（図の斜め破線部分の断面 A_{11}, A_{12}）を流れる高水敷流量 Q_1 と低水路上部（図中のドット部分の断面 A_2）を流れる低水路流量 Q_2 に分けて考える。水路床勾配を i，エネルギー勾配を I とすると，等流のときには $I=i$ となる。

まず，高水敷の面積 A_{11}, A_{12} および潤辺長 S_{11}, S_{12} は

$$A_{11}=B_1 h_1 + \frac{1}{2}m_1 h_1^2, \qquad A_{12}=B_2 h_1 + \frac{1}{2}m_1 h_1^2$$

$$S_{11}=B_1+\sqrt{1+m_1^2}\,h_1, \qquad S_{12}=B_2+\sqrt{1+m_1^2}\,h_1$$

となる。よって，流量 Q_1 は

$$Q_1=\frac{1}{n_1}A_{11}R_{11}^{\frac{2}{3}}I^{\frac{1}{2}}+\frac{1}{n_1}A_{12}R_{12}^{\frac{2}{3}}I^{\frac{1}{2}}=\frac{1}{n_1}\left(A_{11}^{\frac{5}{3}}S_{11}^{-\frac{2}{3}}+A_{12}^{\frac{5}{3}}S_{12}^{-\frac{2}{3}}\right)I^{\frac{1}{2}}$$

である。つぎに，低水路の面積 A_2，および潤辺長 S_2 は

$$A_2=B_3 h_2+\frac{1}{2}(h_2+h_1)m_2(h_2-h_1)\times 2=B_3 h_2+m_2\left(h_2^2-h_1^2\right)$$

$$S_2=B_3+2\sqrt{1+m_2^2}\,(h_2-h_1)$$

となり，低水路の流量 Q_2 は

$$Q_2=\frac{1}{n_2}A_2 R_2^{\frac{2}{3}}I^{\frac{1}{2}}=\frac{1}{n_2}A_2^{\frac{5}{3}}S_2^{-\frac{2}{3}}I^{\frac{1}{2}}$$

となる。よって，高水敷と低水路の粗度係数が違う複断面水路における流量 Q は $Q=Q_1+Q_2$ で求められる。

4.2.3 水理特性曲線

管路であっても下水管のように開水路として用いられる場合には，水深 h と流速 v あるいは流量 Q との関係を満水状態の諸量との比としてあらかじめ計算しておけば実用上便利である。この関係を**水理特性曲線**（flow characteristics）と呼ぶ。

図 4.10（a）に示すような内径 D の円管の開水路流を考える。このとき，水深 h，断面積 A，潤辺長 S，径深 R は，図の角度 φ を媒介変数として以下のように表される。

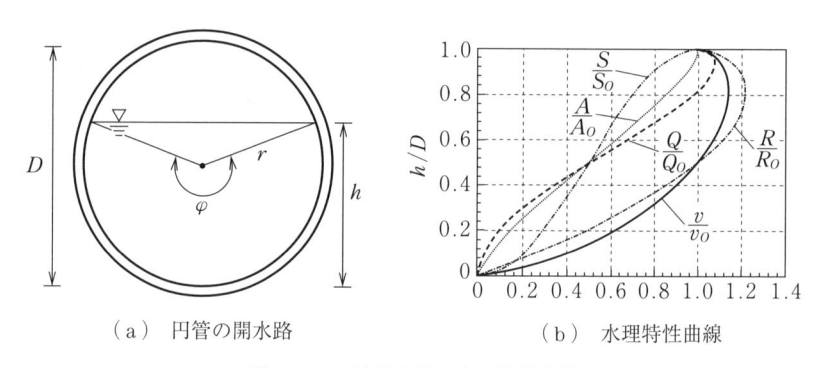

（a）円管の開水路　　　　（b）水理特性曲線

図 4.10　円管開水路の水理特性曲線

$$h = r\left(1 - \cos\frac{\varphi}{2}\right), \qquad A = \frac{r^2}{2}(\varphi - \sin\varphi),$$

$$S = r\varphi, \qquad R = \frac{A}{S} = \frac{r(\varphi - \sin\varphi)}{2\varphi}$$

ここで，r は円管の半径である。また，流速 v と流量 Q はそれぞれマニングの式により

$$v = \frac{1}{n}R^{\frac{2}{3}}I^{\frac{1}{2}}, \qquad Q = Av = A\frac{1}{n}R^{\frac{2}{3}}I^{\frac{1}{2}}$$

となる。ここで，I はエネルギー勾配である。満水状態の諸量に添え字 O をつけて表すと

$$h_O = D = 2r, \qquad A_O = \pi r^2, \qquad S_O = 2\pi r,$$

4.2 開水路の等流・不等流

$$R_O = \frac{A_O}{S_O} = \frac{r}{2}, \qquad v_O = \frac{1}{n}\left(\frac{r}{2}\right)^{\frac{2}{3}} I^{\frac{1}{2}}, \qquad Q_O = A_O v_O$$

となる。よって,各水理量の満水状態の値との比をとると以下のように表される。

$$\frac{h}{h_O} = \frac{r\left(1-\cos\frac{\varphi}{2}\right)}{2r} = \frac{1}{2}\left(1-\cos\frac{\varphi}{2}\right) \tag{4.27 a}$$

$$\frac{A}{A_O} = \frac{\frac{r^2}{2}(\varphi-\sin\varphi)}{\pi r^2} = \frac{1}{2\pi}(\varphi-\sin\varphi) \tag{4.27 b}$$

$$\frac{S}{S_O} = \frac{r\varphi}{2\pi r} = \frac{\varphi}{2\pi} \tag{4.27 c}$$

$$\frac{R}{R_O} = \frac{r(\varphi-\sin\varphi)/2\varphi}{r/2} = \frac{\varphi-\sin\varphi}{\varphi} \tag{4.27 d}$$

$$\frac{v}{v_O} = \frac{\frac{1}{n}R^{\frac{2}{3}}I^{\frac{1}{2}}}{\frac{1}{n}R_O^{\frac{2}{3}}I^{\frac{1}{2}}} = \left(\frac{R}{R_O}\right)^{\frac{2}{3}} = \left(\frac{\varphi-\sin\varphi}{\varphi}\right)^{\frac{2}{3}} \tag{4.27 e}$$

$$\frac{Q}{Q_O} = \frac{Av}{A_O v_O} = \frac{1}{2\pi}(\varphi-\sin\varphi)\left(\frac{\varphi-\sin\varphi}{\varphi}\right)^{\frac{2}{3}} = \frac{(\varphi-\sin\varphi)^{\frac{5}{3}}}{2\pi\varphi^{\frac{2}{3}}} \tag{4.27 f}$$

上記の水理特性曲線を図 4.10(b)に示している。

4.2.4 水理学的に有利な断面

　等流において水路床勾配 $i(=I)$,断面積 A,粗度係数 n が一定の条件の下で流量を最も多く流すことができる断面形状を『水理学的に有利な断面』と呼ぶ。例えば,図 4.11 に示すような長方形断面水路を考える。流量 Q は,平均流速公式にマニングの式を用いると

$$Q = AV = \frac{A}{n}R^{\frac{2}{3}}i^{\frac{1}{2}} \tag{4.28}$$

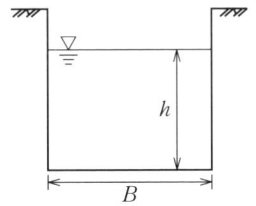

図 4.11 水理学的に有利な断面

となる。上式より断面積 A,水路床勾配 i,マニン

グの粗度係数 n が一定のとき，流量 Q が最大となるのは径深 R が最大となるときである．また，断面積 A が一定なので，R が最大となるのは潤辺長 S が最小となるときである．

いま，図 4.11 に示すような長方形断面水路を考える．潤辺長 S ($=B+2h=A/h+2h$) が最小となるときの h はつぎの条件から与えられる．

$$\frac{dS}{dh} = \frac{d}{dh}\left(\frac{A}{h}+2h\right) = -\frac{A}{h^2}+2 = 0 \quad \Rightarrow \quad h = \frac{B}{2}$$

よって，長方形断面水路の場合には，水深が幅の 1/2 のときに水理学的に有利な断面形状となる．

つぎに，台形断面水路の場合の水理学的に有利な断面を考える．図 4.12 のような水路床幅 B，側壁勾配 $1:m$ の台形断面水路における水理学的に有利な断面の B と h の関係について調べる．まず断面積 A は $A=(B+mh)h$ となり，また潤辺長は $S=B+2\sqrt{1+m^2}h$ となる．潤辺長 S が最小となるのは

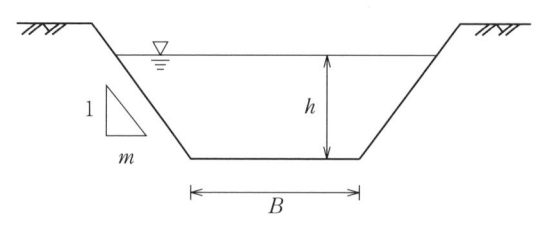

図 4.12 台形水路の水理学的に有利な断面

$$\frac{dS}{dh} = \frac{d}{dh}\left(B+2\sqrt{1+m^2}h\right) = 0$$

のときである．すなわち，B と h が

$$\frac{d}{dh}\left(\frac{A}{h}-mh+2\sqrt{1+m^2}h\right) = -\frac{A}{h^2}-m+2\sqrt{1+m^2}$$

$$= -\frac{B+mh}{h}-m+2\sqrt{1+m^2} = 0$$

$$\Rightarrow \quad B = \left(-m+2\sqrt{1+m^2}\right)h - mh = 2\left(-m+\sqrt{1+m^2}\right)h$$

の関係にあるときに水理学的に有利な断面となる．

さらに，m が変化する場合には $h^2 = A\big/\left(-m+2\sqrt{1+m^2}\right)$ より，潤辺長 S は次式となる．

$$S = \frac{A}{h} - mh + 2\sqrt{1+m^2}\,h = \frac{A + \left(-m + 2\sqrt{1+m^2}\right)h^2}{h}$$

$$= \frac{2A}{\sqrt{\dfrac{A}{-m + 2\sqrt{1+m^2}}}} = 2\sqrt{A\left(-m + 2\sqrt{1+m^2}\right)}$$

この潤辺長 S を m で微分し，0 とおく．

$$\frac{dS}{dm} = \frac{d}{dm}\left\{2\sqrt{A\left(-m + 2\sqrt{1+m^2}\right)}\right\} = 0$$

ここで $t = -m + 2\sqrt{1+m^2}$ とおくと $dt/dm = -1 + 2m/\sqrt{1+m^2}$ となり，上式はつぎのようになる．

$$\frac{d}{dt}(2\sqrt{At})\frac{dt}{dm} = 2 \times \frac{1}{2}\sqrt{\frac{A}{t}}\left(-1 + \frac{2m}{\sqrt{1+m^2}}\right) = 0$$

$$\Rightarrow \quad \frac{\sqrt{A}}{\sqrt{-m + 2\sqrt{1+m^2}}}\left(-1 + \frac{2m}{\sqrt{1+m^2}}\right) = 0$$

上式が 0 となるのは $2m = \sqrt{1+m^2}$ のときである．よって，水理学的に有利な台形断面における側壁勾配 m は $m = \sqrt{3}/3$ となる．これは，正六角形の下半分の断面に相当する．

4.2.5 開水路不等流と水面形の分類

開水路不等流は時間的に変化のない定常流で，かつ場所によって流速，水深等の水理量が変化する流れである．断面形状や水路床勾配などが変化することによって，水深や流速が上下流方向に変化する．簡単な例として，一定幅の長方形断面水路において図 4.13 に示すような水平な水路床にマウンドがある場合の流れについて考える．壁面との摩擦などによるエネルギー損失を無視できるとした場合，以下のエネルギー式および連続の式が成り立つ．

$$E_T = \frac{v^2}{2g} + z + h = \text{一定} \tag{4.29}$$

$$q = hv = \text{一定} \tag{4.30}$$

ここで q は単位幅あたりの流量である．まず，一定の流量の下で流れ方向にエ

4. 開水路流

ネルギーは変化しないので、式 (4.29) を流れ方向の座標 x で微分して 0 とおく。

$$\frac{dE_T}{dx} = \frac{d}{dx}\left(\frac{v^2}{2g} + z + h\right)$$

$$= \frac{v}{g}\frac{dv}{dx} + \frac{dz}{dx} + \frac{dh}{dx} = 0 \tag{4.31}$$

ここで、dz/dx は水路床勾配、dh/dx は水面勾配であり、両者の関係を調べる。上式の dv/dx を消去するために、連続の式 (式 (4.30))

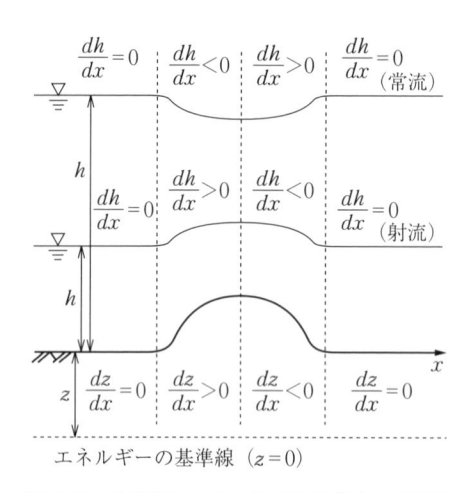

図 4.13 水路床にマウンドがある場合の水面形

を x で微分して dv/dx を求める。

$$\frac{dq}{dx} = h\frac{dv}{dx} + v\frac{dh}{dx} = 0$$

より

$$\frac{dv}{dx} = -\frac{v}{h}\frac{dh}{dx}$$

となり、これを式 (4.31) に代入すると

$$\frac{dh}{dx} = -\frac{1}{1-Fr^2}\frac{dz}{dx}, \quad \left(Fr = \frac{v}{\sqrt{gh}}\right) \tag{4.32}$$

が得られる。式 (4.32) よりわかるように、フルード数 Fr によって水面勾配と水路床勾配の符号関係が変わる。すなわち、$Fr<1$ の場合、つまり流れが常流の場合には式 (4.32) 右辺の分母が正で、$dh/dx \propto -dz/dx$ となり、水路床形状と逆にマウンド部で水面がくぼむような水面形状となる (図 4.13 の常流)。$Fr>1$ の場合、つまり流れが射流の場合には $dh/dx \propto dz/dx$ で、マウンド部で水面が凸に盛り上がることがわかる (図 4.13 の射流)。水面の縦断形状を求めるためには、式 (4.32) を x について数値的に積分すればよい。

通常の開水路においては水路壁面などで生じる摩擦によりエネルギーが損失

4.2 開水路の等流・不等流

するので，エネルギー損失も考慮した**漸変流**（gradually varied flow）の水面形の式を求める（**図4.14**）。漸変流とは流れ方向に水深や流速が緩やかに変化する流れで，流線の曲がりの影響が小さいために静水圧分布が仮定でき，また壁面との摩擦損失に関しては等流の場合の式が適用できる。

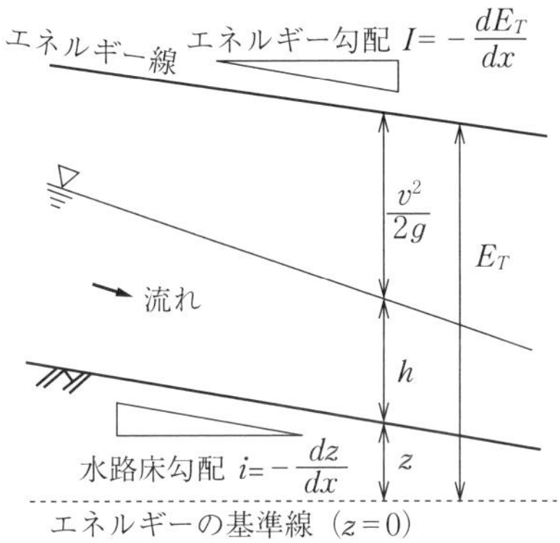

開水路の全エネルギー水頭 E_T は

$$E_T = \frac{v^2}{2g} + h + z = \frac{Q^2}{2gA^2} + h + z$$

図4.14 開水路漸変流の水面形

で表され，流下方向の座標 x で微分すると

$$\frac{dE_T}{dx} = \frac{d}{dx}\left(\frac{Q^2}{2gA^2} + h + z\right) = -I \quad (4.33)$$

となる。ここで I はエネルギー勾配である。エネルギー損失水頭を h_l で表すと $I = dh_l/dx$ となる。よって，式(4.33)は

$$\frac{d}{dx}\left(\frac{Q^2}{2gA^2}\right) + \frac{dh}{dx} - i + \frac{dh_l}{dx} = 0$$

より，次式のようになる。

$$\frac{dh}{dx} = \frac{i - \dfrac{dh_l}{dx}}{1 - \dfrac{Q^2 B}{gA^3}} \quad (4.34)$$

ここで幅広の長方形断面水路を仮定する（$B \gg h$）。流量 Q は一定なので，限界水深 h_C を用いて $Q = Av = Bh_C\sqrt{gh_C} = B\sqrt{g}\,h_C^{3/2}$ のように表される。これを式(4.34)に代入すると次式を得る。

$$\frac{dh}{dx} = \frac{i - \dfrac{dh_l}{dx}}{1 - \left(\dfrac{h_C}{h}\right)^3} \quad (4.35)$$

つぎに，dh_l/dx について考える。h_l にダルシー・ワイスバッハ型の損失水頭を用いて，さらに流下方向に流速や水深が緩やかに変化する漸変流を考える。この場合，流下方向（x 方向）の変化は小さいと仮定して dA/dx を省略すると

$$\frac{dh_l}{dx} = \frac{d}{dx}\left(f\frac{x}{R}\frac{v^2}{2g}\right) = \frac{d}{dx}\left(f\frac{x}{R}\frac{Q^2}{2gA^2}\right) = f\frac{1}{R}\frac{Q^2}{2gA^2}$$

となる。流量 Q をマニングの式を用いて表記すれば

$$\frac{dh_l}{dx} = f\frac{1}{R}\frac{1}{2gB^2h^2}\left(Bh\frac{1}{n}R_0^{\frac{2}{3}}i^{\frac{1}{2}}\right)^2 = \frac{f}{n^2}\frac{1}{R}\frac{1}{2g}\frac{h_0^2}{h^2}R_0^{\frac{4}{3}}i$$

となる。ここで，h_0 は等流水深，R_0 は等流時の径深である。また，摩擦係数 f と粗度係数 n との関係式は $f = 2gn^2/R^{1/3}$ なので，これを上式に代入すると

$$\frac{dh_l}{dx} = \frac{1}{n^2}\frac{2gn^2}{R^{\frac{1}{3}}}\frac{1}{R}\frac{1}{2g}\frac{h_0^2}{h^2}R_0^{\frac{4}{3}}i = \frac{R_0^{\frac{4}{3}}}{R^{\frac{4}{3}}}\frac{h_0^2}{h^2}i \tag{4.36}$$

を得る。式 (4.36) を式 (4.35) に代入すると

$$\frac{dh}{dx} = \frac{1 - \dfrac{R_0^{\frac{4}{3}}}{R^{\frac{4}{3}}}\dfrac{h_0^2}{h^2}}{1 - \left(\dfrac{h_C}{h}\right)^3}i \tag{4.37}$$

となる。幅広の長方形断面水路を仮定すると $h/B \fallingdotseq 0$ となるので，径深 R は

$$R = \frac{A}{S} = \frac{Bh}{B + 2h} = \frac{h}{1 + 2\dfrac{h}{B}} \fallingdotseq h$$

となる。よって，式 (4.37) は次式のようになる。

$$\frac{dh}{dx} = \frac{1 - \left(\dfrac{h_0}{h}\right)^{\frac{10}{3}}}{1 - \left(\dfrac{h_C}{h}\right)^3}i \tag{4.38}$$

上式が，等流公式としてマニングの式を用いた場合の幅広長方形断面における水面形の式である。ちなみに，シェジーの式を用いた場合の水面形は次式となる。

4.2 開水路の等流・不等流

$$\frac{dh}{dx} = \frac{1-\left(\dfrac{h_0}{h}\right)^3}{1-\left(\dfrac{h_C}{h}\right)^3} i \tag{4.39}$$

長方形断面，台形断面，円形断面の場合には，水面形の式を水深 h で簡単に表すための近似的な一般表記が便利であり，次式のように書き表される．

$$\frac{dh}{dx} = \frac{1-\left(\dfrac{h_0}{h}\right)^N}{1-\left(\dfrac{h_C}{h}\right)^M} i \tag{4.40}$$

一様断面水路における漸変流の水面形の計算においては，水面形の式を直接数値的に積分する方法や，式中の積分項をあらかじめ図表化したものを利用する方法などがある．常流では下流の影響を受けるために境界条件を下流端に設定し，射流では下流側の影響を受けないために境界条件を上流端に設定する．

つぎに水面形の分類を行う．式 (4.38)〜(4.40) でわかるように，水面形は水深 h が限界水深 h_C と等流水深 h_0 に対してどの位置にあるかで決まる．4.2.2 項で説明したように，限界水深 h_C と等流水深 h_0 の関係は水路床勾配 i と限界勾配 i_C の関係によって決まる．よって，図 4.15 に示すように水路床勾

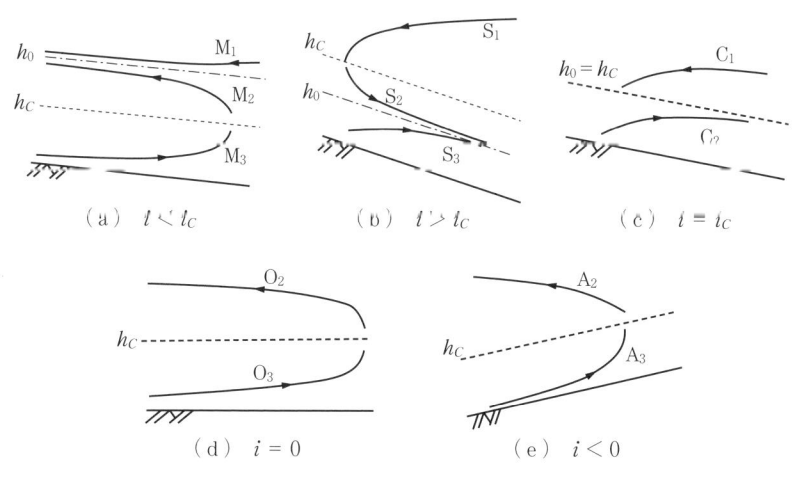

図 4.15 水面形の分類

配の違いによって水面形状は大きく5種類に分類される。図の矢印は計算を進める方向を示している。

緩勾配水路 ($i < i_C$) では，図4.15（a）のように等流水深 h_0 が限界水深 h_C よりも高い位置になる。まず，曲線 M_1 では $h > h_0 > h_C$ なので，水面形の式（式(4.40)）から $dh/dx > 0$ となり，下流に向かって水深が増加する「せき上げ背水」となる。また，常流なので下流から上流に向かって計算され，上流に向かうに従って h は h_0 へと漸近する。

曲線 M_2 では $h_0 > h > h_C$ であり $dh/dx < 0$ となるので，下流に向かって水深が減少する「低下背水」となる。常流なので下流から上流に向かって水面を計算する。また，下流側で h が h_C に近づくと，$dh/dx \to -\infty$ となる。

曲線 M_3 では $h_0 > h_C > h$ であり式(4.40)から $dh/dx > 0$ となるので，下流に向かって水深が増加する。射流であるので上流から下流に向かって水面を計算する。下流方向に水深が増加していき，$h \to h_C$ となると式(4.40)は $dh/dx \to \infty$ となる。このとき，開水路流は跳水を生じて射流から常流に遷移する。

急勾配水路 ($i > i_C$) の場合，図4.15（b）のように等流水深 h_0 は限界水深 h_C よりも低い位置になる。曲線 S_1 は $h > h_C > h_0$ であり，流れは常流となり，下流から水面を計算する。式(4.40)より $dh/dx > 0$ となり，下流に向かって水深が増加する。上流に向かって計算を進めると $h \to h_C$ となり式(4.40)は $dh/dx \to \infty$ となり，跳水により上流と接続する。曲線 S_2 は $h_C > h > h_0$ で射流となり，上流から下流に向かって水面を計算する。$h_C > h > h_0$ の範囲では式(4.40)は $dh/dx < 0$ となるため，下流に向かって水深は減少し，等流水深 h_0 に漸近する。上流端の水深が限界水深 h_C に近づくと，式(4.40)は $dh/dx \to -\infty$ となる。曲線 S_3 は $h_C > h_0 > h$ であり，式(4.40)は $dh/dx > 0$ となって下流方向に水深が増加し，等流水深 h_0 へと漸近する。

水路床勾配が限界勾配の場合には $h_0 = h_C$ となり，図4.15（c）のように C_1，C_2 の水面形が現れる。水平勾配の場合には，水路床勾配が $i = 0$ で等流水深 h_0 は無限大となる。そのため，図4.15（d）のように O_2 と O_3 の水面形のみが現れる。また，逆勾配の $i < 0$ の水路では等流水深 h_0 の解が存在せず，図4.15

(e)のように A_2 と A_3 の水面形のみが現れる。

つぎに，**図 4.16** に示すような水路における水面形について考える。まず，流量 Q に対して限界水深 h_C（図の破線）を求め，また各水路床勾配に対して等流水深 h_0（図の一点鎖線）を求める。緩勾配の区間（区間 AC）では $h_0 > h_C$ となり，急勾配の区間では $h_0 < h_C$ となる。

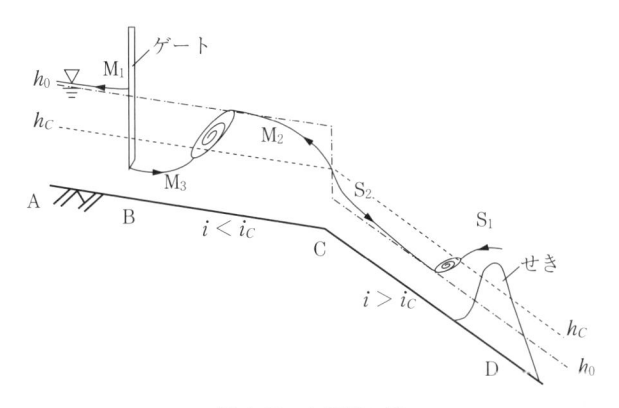

図 4.16 水面形の例

緩勾配（$i < i_C$）の区間の B 地点にゲートがあり，これより上流の区間 AB では常流であり，上流に向かって水深が等流水深へと漸近する曲線 M_1（せき上げ背水曲線）が現れる。水面形の計算は，せきでの水深から上流に向かって行う。ゲートより下流部の区間 BC ではゲート開口部が限界水深 h_C より低い位置にあるため，ゲート直後では射流となり曲線 M_3 となる。水面形の計算はゲート開口部から下流に向かって行う。その後，跳水を経て常流に遷移し，等流水深となる。この点から水路床勾配が急勾配に変化する C 地点までは曲線 M_2 となる。水路が緩勾配から急勾配に変化する C 地点で水深は限界水深 h_C（支配断面）となるため，曲線 M_2 の水深はこの限界水深から上流に向かって計算される。

急勾配（$i > i_C$）の区間 CD では，まず上流端の限界水深から等流水深に遷移する曲線 S_2 となる。D 地点にあるせきに関しては，せき頂が限界水深より上方にあるので，せきより前面では常流となり，曲線 S_1 となる。曲線 S_2 から

曲線 S_1 へは跳水を経て遷移する。

4.2.6 ダム越流部の流れ

図 4.17 に示すようなダム越流部の流れを考える。越流部の開水路断面を長方形とする。ダムから十分離れた上流の点 O とダム頂部の点 C との間で摩擦などによるエネルギー損失がない場合には次式のエネルギー保存が成り立つ。

$$E_0 = \frac{v_O^2}{2g} + z_O + h_O$$
$$= \frac{v_C^2}{2g} + z_C + h_C \quad (4.41)$$

ダム頂部で常流から射流へ遷移するために限界流となり、フルード数 $Fr=1$ より $v_C = \sqrt{gh_C}$ となる。また、ダムから十分離れた貯水池上流の点 O では非常にゆっくりと流れており流速（接近流速）v_O が小さく、速度水頭 $v_O^2/2g$ は点 O でのダム頂部から水深 $H(=z_O+h_O-z_C)$ に比べて十分に小さく（$v_O^2/2g \ll H$）、速度水頭 $v_O^2/2g$ を無視することができる。よって、式(4.41)は

$$h_C = \frac{2}{3} E_0 \fallingdotseq \frac{2}{3} H \quad (4.42)$$

となる。また、流量 Q は幅を B とすると

$$Q = B h_C v_C = B h_C \sqrt{g h_C} = \frac{2}{3} B \sqrt{\frac{2}{3} g} \, E_0^{\frac{3}{2}} \fallingdotseq \frac{2}{3} B \sqrt{\frac{2}{3} g} \, H^{\frac{3}{2}} \quad (4.43)$$

となる。実際にはダム頂部で遠心力により圧力分布が静水圧にならない場合が

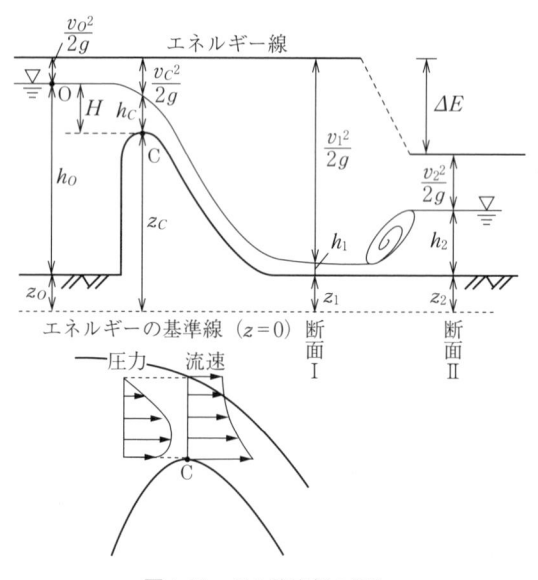

図 4.17 ダム越流部の流れ

4.2 開水路の等流・不等流

多く，流量係数 K を用いて以下のように補正される。

$$Q = KBH^{\frac{3}{2}} \tag{4.44}$$

通常，K は $2.1\,\mathrm{m}^{1/2}\cdot\mathrm{s}^{-1}$ 程度の値となる。

越流後の断面 I における水理量について考える。ダム頂部と断面 I の間で摩擦によるエネルギー損失を無視できる場合には次式が成り立つ。

$$E_0 = \frac{v_1^2}{2g} + z_1 + h_1 \tag{4.45}$$

また，連続の式より $h_1 = Q/(Bv_1)$ となるので，上式は

$$v_1^3 - 2g(E_0 - z_1)v_1 + \frac{2gQ}{B} = 0 \tag{4.46}$$

と書き直される。上式は断面 I における流速 v_1 に関する 3 次方程式であり，v_1 の解が求まれば水深 h_1 も $h_1 = Q/(Bv_1)$ より求まる。しかし，式 (4.46) は一般的には解くことができず，反復計算により流速 v_1 を数値的に求める必要がある。

以下で，ニュートン法による解法を紹介する。ニュートン法では，**図 4.18** に示すように，まず解に近い値 ${}^1\overline{x}$ を第 1 次近似解として，$y = f(x)$ 上の点 $({}^1\overline{x}, f({}^1\overline{x}))$ において $y = f(x)$ に対する接線を求めると

$$y - f({}^1\overline{x}) = f'({}^1\overline{x}) \cdot (x - {}^1\overline{x})$$

となる。$y = 0$ と上式で表される接線との交点を第 2 次近似解 ${}^2\overline{x}$ とすると

$${}^2\overline{x} = {}^1\overline{x} - \frac{f({}^1\overline{x})}{f'({}^1\overline{x})}$$

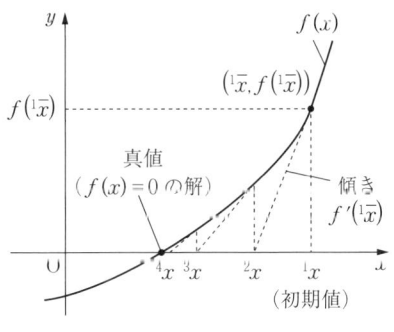

図 4.18 ニュートン法

が得られる。図 4.18 からわかるように，第 2 次近似解 ${}^2\overline{x}$ は第 1 次近似解 ${}^1\overline{x}$ よりも真値に近い。この計算を反復して，誤差がある許容基準値 ε を下回る $|{}^n\overline{x} - {}^{n-1}\overline{x}| < \varepsilon$ を満足するまで続ける。

いま対象としている v_1 を求める式（式 (4.46)）について，$x=v_1$ として関数 $f(x)$ を次式のようにおく。

$$f(x) = x^3 - \alpha x + \beta = 0, \qquad \left(\alpha = 2g(E_0 - z_1), \qquad \beta = \frac{2gQ}{B}\right)$$

ここで，α, β は定数である。

断面Ⅰにおいては $v_1^2/2g \gg h_1$ なので，式 (4.45) より第1次近似解を $^1\overline{x}\left(=^1\overline{v_1}\right) = \sqrt{2g(E_0 - z_1)}$ としてニュートン法により近似解を求める。求まった v_1 より，$h_1 = Q/(Bv_1)$ で水深 h_1 も求まる。

断面Ⅱより下流では，水路床勾配が緩勾配となるために等流水深 h_0 が限界水深 h_C より大きくなる。このため，射流から常流に遷移する過程で跳水が発生する。跳水後の流速や水深等の水理量は4.1.3項で述べた方法によって求められる。断面Ⅰでの流速 v_1 と水深 h_1 がすでに求められているので，以下のように，式 (4.12) より断面Ⅱの水深 h_2 が求められ，連続の式より v_2 が求められる。

$$h_2 = \frac{h_1}{2}\left(-1 + \sqrt{1 + 8Fr_1^2}\right), \qquad \left(Fr_1 = \frac{v_1}{\sqrt{gh_1}}\right)$$

$$v_2 = \frac{h_1}{h_2} v_1$$

また，跳水によるエネルギー損失水頭 ΔE は，式 (4.16) より以下のように求められる。

$$\Delta E = \frac{(h_2 - h_1)^3}{4h_1 h_2}$$

4.3 開水路非定常流

4.3.1 開水路非定常流の基礎式

開水路非定常流の基礎式は以下で表される。

$$\text{運動方程式：} \quad \frac{\beta}{g}\frac{\partial v}{\partial t} + \frac{\partial}{\partial x}\left(\frac{\alpha v^2}{2g}\right) - i + \frac{\partial h}{\partial x} + \frac{\partial h_l}{\partial x} = 0 \qquad (4.47)$$

連続の式： $\dfrac{\partial A}{\partial t}+\dfrac{\partial Q}{\partial x}=0$ 　　　　　　　　　　　　　(4.48)

式 (4.47) は開水路定常流の式（式 (4.34)）に非定常項 $(\beta/g)(\partial v/\partial t)$ が加わったものである。通常，運動量補正係数 β，およびエネルギー補正係数 α は 1.0 として扱うことができる。また，エネルギー勾配 $\partial h_1/\partial x$ は，$f'=2g/C^2=2gn^2/R^{1/3}$ より

$$\dfrac{\partial h_1}{\partial x}=\dfrac{\partial}{\partial x}\left(f'\dfrac{x}{R}\dfrac{v^2}{2g}\right)=\dfrac{f'}{R}\dfrac{v^2}{2g}=\dfrac{v^2}{C^2R}=\dfrac{n^2v^2}{R^{\frac{4}{3}}}$$

と表される。上式は流れ方向に急激に流速が変化しない（漸変流：$\partial v/\partial x \fallingdotseq 0$）という仮定に基づいている。よって，式 (4.47) は次式のようになる。

$$\dfrac{1}{g}\dfrac{\partial v}{\partial t}+\dfrac{\partial}{\partial x}\left(\dfrac{v^2}{2g}\right)-i+\dfrac{\partial h}{\partial x}+\dfrac{v^2}{C^2R}=0 \quad (\text{シェジー}) \qquad (4.47')$$

$$\dfrac{1}{g}\dfrac{\partial v}{\partial t}+\dfrac{\partial}{\partial x}\left(\dfrac{v^2}{2g}\right)-i+\dfrac{\partial h}{\partial x}+\dfrac{n^2v^2}{R^{\frac{4}{3}}}=0 \quad (\text{マニング}) \qquad (4.47'')$$

連続の式（式 (4.48)）はある地点での流量 Q の流下方向の変化，つまり流量 Q の収支が流水断面積 A の時間的な変化になること示している。断面積 A は水深 h の関数なので

$$\dfrac{\partial A}{\partial t}=\dfrac{\partial A}{\partial h}\dfrac{\partial h}{\partial t}=B\dfrac{\partial h}{\partial t}$$

と書き表される。ここで，B は横断面内の水面幅である（4.1.2 節参照）。長方形断面の水路の場合，式 (4.48) は

$$\dfrac{\partial h}{\partial t}+\dfrac{\partial(vh)}{\partial x}=0 \qquad (4.48')$$

となる。

図 4.19 のように等流状態の開水路流において，水深，流速に小さな時間的変化が生じた場合を考える。等流状態の水深を h_0（図の破線），流速を v_0 とし，等流状態からの小さな変化を h'，v' とす

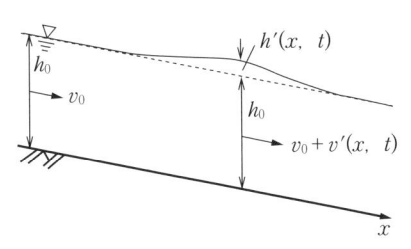

図 4.19 開水路非定常流

る。このとき，水深，流速は次式のように表される。

$$h(x, t) = h_0 + h'(x, t)$$
$$v(x, t) = v_0 + v'(x, t)$$

上式を式（4.47'）または式（4.47''），および式（4.48'）に代入する。その際，等流状態では $-i + \partial h_1/\partial x = 0$ および $\partial h_0/\partial x = \partial v_0/\partial x = 0$ となること，また $v_0 \gg v'$, $h_0 \gg h'$ であることより微小項の2次以上の項を省略できると仮定する。よって，運動方程式，連続の式は次式となる。

$$\frac{1}{g}\frac{\partial v'}{\partial t} + \frac{v_0}{g}\frac{\partial v'}{\partial x} + \frac{\partial h'}{\partial x} = 0 \tag{4.49}$$

$$\frac{\partial h'}{\partial t} + v_0\frac{\partial h'}{\partial x} + h_0\frac{\partial v'}{\partial x} = 0 \tag{4.50}$$

式（4.49），（4.50）より v' を消去すると次式が得られる。

$$\frac{\partial^2 h'}{\partial t^2} + 2v_0\frac{\partial^2 h'}{\partial t \partial x} - (gh_0 - v_0^2)\frac{\partial^2 h'}{\partial x^2} = 0 \tag{4.51}$$

上式は水位変動 h' に関する2階の偏微分方程式であり，双曲型方程式または波動方程式と呼ばれている。式（4.51）の一般解は $h' = f(x - ct)$ となるので，これを式（4.51）に代入すれば波速 c が得られる。

$$c = v_0 \pm \sqrt{gh_0} \tag{4.52}$$

式（4.52）から，等流状態で生じた小さな水面変位は速度 $\sqrt{gh_0}$ で上下流に伝わり，いわゆる長波として取り扱うことができることがわかる。

4.3.2 段波の伝播

水門を操作することにより，水門の上下流で水深，流速が急激に変化する不連続部が生じ，これが上流または下流に伝播する現象が生じる。これを**段波**（surge または hydraulic bore）と呼ぶ。

図4.20に示すように，段波はその発生機構によって4種類に分類される。水門操作前に流れている水深，流速をそれぞれ h_0, v_0，水門操作により生じた水深，流速を h_1, v_1 とし，段波の伝播速度を ω とする。図4.20で図（a），

4.3 開水路非定常流

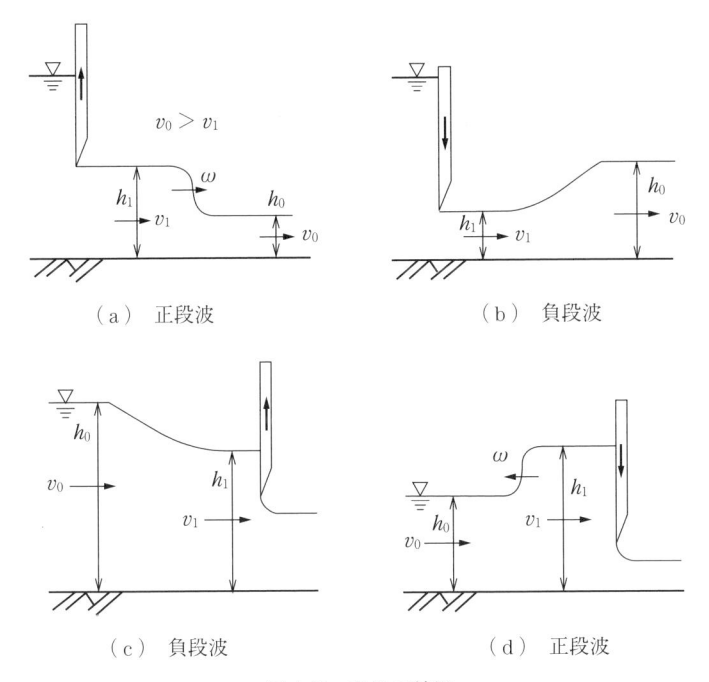

(a) 正段波   (b) 負段波

(c) 負段波   (d) 正段波

図 4.20 段波の種類

(b) は水門操作により，水門より下流側で生じる現象であり，図 (c)，(d) は水門より上流側で起こる現象である．図 (a) では水門を上昇させることにより，水深，流速，流量を急激に増加させた場合であり，図 (b) は逆に水門を下降させ，水深，流速，流量を急激に減少させた場合である．図 (c) は水門を上昇させたとき，図 (d) は水門を下降させたときのそれぞれ水門より上流側で生じる段波である．

図 (a) では $v_1 > v_0$ となり，また図 (d) では $v_1 < v_0$ となり，段波の範囲は収束して，不連続面を維持しようとする．このような段波を正段波と呼ぶ．一方，図 (b) では $v_1 < v_0$ となり，図 (c) では $v_1 > v_0$ となり，段波の範囲が発散するために不連続面が徐々に幅を広げていき，連続面に移行していく．このような段波を負段波と呼ぶ．

以下では，段波の伝播速度およびエネルギー損失について考察する．

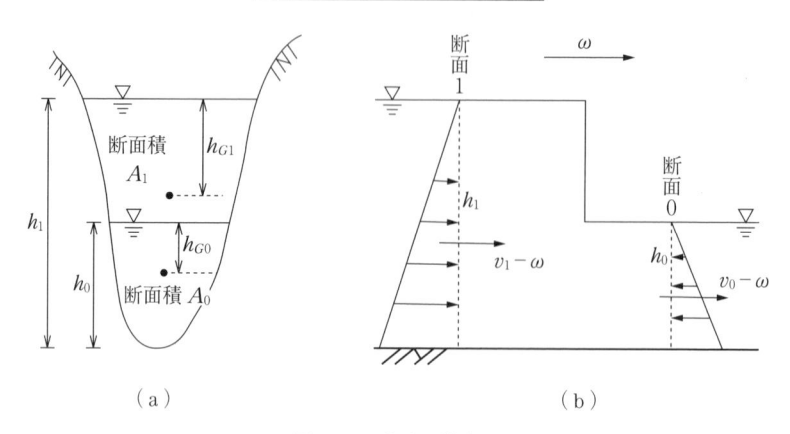

図4.21 段波の模式図

図4.21に示すような段波を考え，段波の伝播速度 ω で移動する座標系を考える．まず，断面0および1の断面積を A_0, A_1 とすると，連続の式より

$$A_1(v_1 - \omega) = A_0(v_0 - \omega) = Q_r \tag{4.53}$$

となる．ここで，A, v はそれぞれ断面積，流速であり添字は0, 1は断面0および1の諸量を意味している．移動座標系上で見た流量 Q_r を置換流量と呼ぶ．

つぎに運動量の定理により，次式が導かれる．

$$\rho_0 Q_r(v_0 - \omega) - \rho_0 Q_r(v_1 - \omega) = F \tag{4.54}$$

ここで，ρ_0 は水の密度である．F は検査領域の断面1および断面0に作用している水圧であり，静水圧近似により

$$F = \rho_0 g h_{G1} A_1 - \rho_0 g h_{G0} A_0 \tag{4.55}$$

となる．よって，式(4.54)は式(4.53)，(4.55)を用いて次式のように整理される．ここで，h_{G1} は断面1の図心位置までの水深，h_{G0} は断面0の図心位置までの水深である．

以上より式(4.54)は

$$\rho_0 Q_r(v_0 - \omega) - \rho_0 Q_r(v_1 - \omega) = \rho_0 g(h_{G1} A_1 - h_{G0} A_0) \tag{4.56}$$

となる．すなわち

$$\rho_0 A_0(v_0 - \omega)(v_0 - v_1) = \rho_0 g(h_{G1} A_1 - h_{G0} A_0) \tag{4.57}$$

4.3 開水路非定常流

となり，式 (4.57) と式 (4.53) から v_1 を消去すれば段波の伝播速度 ω が次式のように求められる．

$$\omega = v_0 \pm \sqrt{gh_{G0}} \sqrt{\frac{\dfrac{h_{G1}}{h_{G0}}\dfrac{A_1}{A_0} - 1}{1 - \dfrac{A_0}{A_1}}} \tag{4.58}$$

長方形断面の場合には $h_{G0} = h_0/2$, $h_{G1} = h_1/2$ となり

$$\omega = v_0 \pm \sqrt{gh_0} \sqrt{\frac{1}{2}\frac{h_1}{h_0}\left(\frac{h_1}{h_0} + 1\right)} \tag{4.59}$$

で表される．

また，エネルギーの損失率は，検査領域における単位時間あたりのエネルギー収支から次式のように得られる．

$$\frac{dE}{dt} = \left\{\frac{1}{2}\rho_0 Q_r (v_1 - \omega)^2 + \rho_0 g Q_r (h_1 - h_{G1}) + \rho_0 g h_{G1} A_1 (v_1 - \omega)\right\}$$
$$- \left\{\frac{1}{2}\rho_0 Q_r (v_0 - \omega)^2 + \rho_0 g Q_r (h_0 - h_{G0}) + \rho_0 g h_{G0} A_0 (v_0 - \omega)\right\}$$

すなわち

$$\frac{dE}{dt} = \frac{\rho_0 g Q_r}{2}\left\{\frac{(v_1 - \omega)^2}{g} - \frac{(v_0 - \omega)^2}{g} + 2(h_1 - h_0)\right\}$$

となる．上式は式 (4.53)（連続の式），および式 (4.56)（運動量の式）を用いて次式のように整理され，段波によるエネルギー損失率が次式のように得られる．

$$\frac{dE}{dt} = \frac{\rho_0 g Q_r}{2}\left\{\frac{A_0}{A_1} h_{G0} - \frac{A_1}{A_0} h_{G1} + (2h_1 - h_{G1}) - (2h_0 - h_{G0})\right\} \tag{4.60}$$

長方形断面の場合には，単位幅あたりのエネルギー損失率が

$$\frac{dE}{dt} = \frac{\rho_0 g q_r}{4 h_0 h_1}(h_0 - h_1)^3 \tag{4.61}$$

となる．ここで，$q_r = h_1(v_1 - \omega) = h_0(v_0 - \omega)$ であり，単位幅あたりの置換流量である．

式 (4.61) において，$h_1 > h_0$ の正段波では $dE/dt < 0$ となり，エネルギー

損失が生じる。これは段波前面部における渦運動等によりエネルギーが消費されるからである。一方，$h_1 < h_0$ の負段波では，$dE/dt > 0$ となり，段波により時間的にエネルギーが増加することになって力学的な矛盾が生じる。よって，負段波は不連続帯を維持できなくなり，速やかに連続的な水面形状へと平坦(たん)化する。

4.3.3 洪水流の伝播

　洪水流は降雨によって流域の降水が河川に集まって徐々に水位が上昇し，降雨が終わった後に徐々に水位と流速が低下し，定常状態へ戻る非定常流である。時間スケールが非常に長い波のように見えるので，洪水波とも呼ばれる。日本では大河川においても数日間しか洪水流は継続しないが，大陸の大河川では数か月にわたり継続する場合もある。

　まず，洪水の伝播速度について考察する。洪水の水位変化はゆっくりとしたものなので，準定常を仮定する。また，変化が小さいのでエネルギー勾配 I と河床勾配 i がほぼ同じであると仮定する（$I \fallingdotseq i$）。流量 Q をシェジーの式で表すと次式のようになる。

$$Q = Av = AC\sqrt{RI} \qquad (4.62)$$

径深 R も断面積 A の関数なので，流量 Q は A のみの関数とみなすことができ，つぎのような関係式が成り立つ。

$$\frac{\partial Q}{\partial x} = \frac{dQ}{dA}\frac{\partial A}{\partial x} = \frac{d}{dA}(Av)\frac{\partial A}{\partial x} = \left(v + A\frac{\partial v}{\partial A}\right)\frac{\partial A}{\partial x}$$

よって，式 (4.48)（連続の式）は

$$\frac{\partial A}{\partial t} + \left(v + A\frac{\partial v}{\partial A}\right)\frac{\partial A}{\partial x} = 0 \qquad (4.63)$$

と書き直される。したがって，洪水波のある位相 $X(t)$ に着目して，それを追跡しながら観測者が dX/dt の速度で下流方向に移動していく場合，つぎの式が成り立つ。

$$\frac{dA(X,t)}{dt} = \frac{\partial A}{\partial t} + \frac{dX}{dt}\frac{\partial A}{\partial x} = \frac{\partial A}{\partial t} + c\frac{\partial A}{\partial x} = 0 \tag{4.64}$$

ここで $dX/dt = c$ は洪水波の伝播速度を表しており，式 (4.63)，(4.64) より c は以下のように表される．

$$c = v + A\frac{\partial v}{\partial A} \tag{4.65}$$

この式を洪水波の伝播速度に関する**クライツ・セドンの法則**（Kleiz-Seddon's law）という．長方形開水路の場合，$A = Bh$ なので，式 (4.64)，(4.65) は

$$\frac{\partial h}{\partial t} + c\frac{\partial h}{\partial x} = 0, \qquad c = v + h\frac{\partial v}{\partial h} \tag{4.66}$$

となる．このとき幅広の長方形断面水路を考えれば $R \fallingdotseq h$ となるので，平均流速公式にシェジーの式とマニングの式を用いればそれぞれ次式が得られる．

$$c = \frac{3}{2}v \,(\text{シェジー}) \qquad \text{または} \qquad c = \frac{5}{3}v \,(\text{マニング}) \tag{4.67}$$

上述の洪水波の伝播速度 c は，運動方程式を用いず，連続の式のみから導かれている．このように洪水波を取り扱う理論を**運動学的波動理論**（kinematic wave theory）という．この理論で記述される洪水波は，式 (4.64) からわかるように 1 階の波動型偏微分方程式で表され，流下方向のみに減衰せずに伝播する．

これに対して，力学的な条件も考慮して運動方程式と連続の式を両方用いて洪水波を取り扱う理論を**力学的波動理論**（dynamic wave theory）という．運動学的波動理論と力学的波動理論の適用範囲は，等流水深 h_0，河床勾配 i，洪水波の波長 L によって決まる．前者は $h_0 \ll iL$ の場合に適用され，後者は $h_0 \gg iL$ の場合に適用される．

4.4 オリフィスおよびせきの越流

4.4.1 オリフィスと流量公式

オリフィス（orifice）とはダムやせきなどの側面や底面に設けられた穴であ

り，そこを通して水が流れ出る構造物である。通常，オリフィスは刃形状になっており，オリフィスから流れ出た水脈はオリフィスの直径の半分程度の距離で断面積が最小となる。この断面を**ベナコントラクタ**（vena contracta）と称し，このような断面収縮の特性によって流量が決まる。

オリフィスの断面積が水深に比べて十分小さい場合には，オリフィスにおける流速は場所によらず一定と考えることでき，小型オリフィスと呼ばれる。オリフィス断面積が水深に比べてある程度大きくなると，オリフィス内の流速分布を考慮しなければならなくなり，このような場合を大型オリフィスと呼ぶ。

まず，図 4.22 に示すような断面積 a の小型オリフィスを考える。貯水池の水面とオリフィス部でベルヌーイの定理を適用すると，次式のようになる。

$$\frac{v_A^2}{2g} + z_A + \frac{p_A}{\rho g} = \frac{v_O^2}{2g} + z_O + \frac{p_O}{\rho g} \tag{4.68}$$

ここで，v, z, p はそれぞれ流速，エネルギーの基準線からの高さ，圧力であり，添字 A, O は点 A および点 O の諸量を意味している。$v_A ≒ 0$ であり，また，点 A と点 O は大気に接しているため $p_A = p_O = 0$ となる。よって，式 (4.68) よりオリフィスでの流速は

$$v_O = \sqrt{2g(z_A - z_O)} = \sqrt{2gH} \tag{4.69}$$

となる。この式は物体が高さ H から自由落下したときの速度に相当し，水面から高さ H だけ下にある小孔から流れ出る水の流速と同じになる。これを**トリチェリーの定理**（Torricelli's theorem）と呼ぶ。

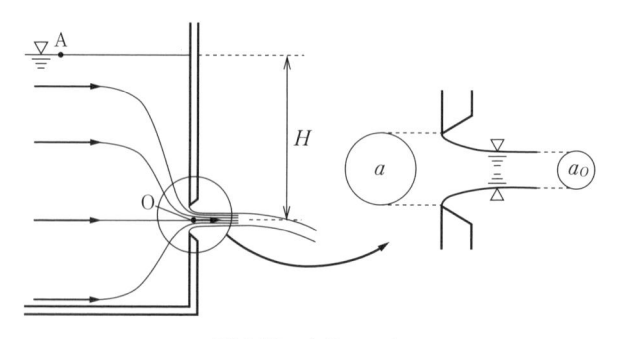

図 4.22 オリフィス

4.4 オリフィスおよびせきの越流

しかし,一般にはオリフィスの断面積 a からベナコントラクタにより縮流し,断面積がさらに a_O になるため,補正が必要となる。流速公式は次式で表される。

$$v = C_v \sqrt{2gH} \qquad （流速公式） \tag{4.70}$$

ここで,C_v は流速係数であり,通常 $0.95 \sim 0.99$ の値となる。また,流量公式は収縮係数 $C_a = a_O/a$ を用いて次式で表される。

$$Q = C_a a v = C a \sqrt{2gH} \qquad （流量公式） \tag{4.71}$$

ここで,C は流量係数であり,$C = C_v C_a$ となる。薄板に刃形のオリフィスを設けた薄刃オリフィスについてはつぎの実験式が提案されている。

$$C = 0.592 + \frac{4.5}{\sqrt{Re}}, \qquad \left(Re = \frac{d\sqrt{2gH}}{\nu} \right) \tag{4.72}$$

ここで,d はオリフィス口径,ν は動粘性係数である。

また,接近流速水頭 $h_a = v_a^2/2g$ が無視できない場合の流量公式は,式 (4.71) より

$$Q = Ca\sqrt{2gH + v_a^2} = Ca\sqrt{2g(H + h_a)} \tag{4.71′}$$

となる。

つぎに,**図 4.23** に示すような大型オリフィスを考える。オリフィス断面が大きいため,流量を求める場合にはオリフィス内での流速分布を考慮する必要がある。水深 z における流出流速は $v = \sqrt{2gz}$ なので,流量 Q は

$$\begin{aligned} Q &= C \int_{H_1}^{H_2} b(z) v \, dz \\ &= C\sqrt{2g} \int_{H_1}^{H_2} b(z) \sqrt{z} \, dz \end{aligned} \tag{4.73}$$

と書き表される。ここで,H_1,H_2 はオリフィスの上端および下端の水深である。まず,円形オリフィスの場合は,オ

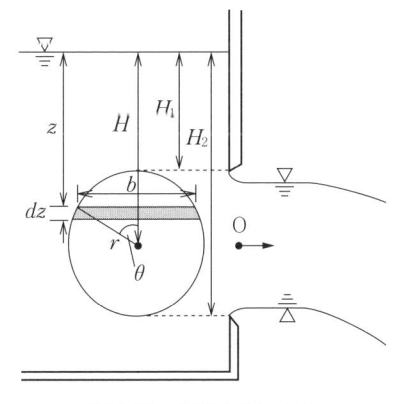

図 4.23 大型オリフィス

リフィスの半径を r, オリフィス中心までの水深を H, 鉛直軸と r のなす角を θ とすると, $z = H - r\cos\theta$, $b = 2r\sin\theta$, $dz = r\sin\theta \cdot d\theta$ とおけるので, 式 (4.73) は

$$Q = C\sqrt{2g}\int_{H_1}^{H_2} b\sqrt{z}\,dz = C\sqrt{2g}\int_{H-r}^{H+r} b\sqrt{z}\,dz$$

$$= C \cdot 2r^2\sqrt{2gH}\int_0^\pi \sin^2\theta\left(1 - \frac{r}{H}\cos\theta\right)^{\frac{1}{2}} d\theta$$

となる。二項定理によって級数展開し、各項ごとに積分すると

$$Q = C\pi r^2\sqrt{2gH}\left\{1 - \frac{1}{32}\left(\frac{r}{H}\right)^2 - \frac{5}{1\,024}\left(\frac{r}{H}\right)^4 - \cdots\right\}$$

を得る。$(r/H)^4$ より高次の項は一般的に省略できるので、円形の大型オリフィスの流量は

$$Q = C\pi r^2\sqrt{2gH}\left\{1 - \frac{1}{32}\left(\frac{r}{H}\right)^2\right\} \tag{4.74}$$

で与えられる。式 (4.74) と小型円形オリフィスの流量公式 (式 (4.71)) を比較すると、式 (4.74) は $-1/32(r/H)^2$ の項が加わった形になっている。

長方形断面オリフィスの場合には幅 b が一定であるため、式 (4.73) より

$$Q = C\sqrt{2g}\,b\int_{H_1}^{H_2}\sqrt{z}\,dz = \frac{2}{3}C\sqrt{2g}\,b\left(H_2^{\frac{3}{2}} - H_1^{\frac{3}{2}}\right) \tag{4.75}$$

が求められる。オリフィス中心までの水深を H とし、オリフィスの高さを d とすると、式 (4.75) は次式となる。

$$Q = \frac{2}{3}C\sqrt{2g}\,b\left\{\left(H + \frac{d}{2}\right)^{\frac{3}{2}} - \left(H - \frac{d}{2}\right)^{\frac{3}{2}}\right\}$$

$$= \frac{2}{3}C\sqrt{2g}\,bH^{\frac{3}{2}}\left\{\left(1 + \frac{d}{2H}\right)^{\frac{3}{2}} - \left(1 - \frac{d}{2H}\right)^{\frac{3}{2}}\right\}$$

$$= \frac{2}{3}C\sqrt{2g}\,bH^{\frac{3}{2}}\left\{\frac{3}{2}\frac{d}{H} - \frac{1}{64}\left(\frac{d}{H}\right)^3 - \frac{3}{4\,096}\left(\frac{d}{H}\right)^5 - \cdots\right\}$$

$$= Cbd\sqrt{2gH}\left\{1 - \frac{1}{96}\left(\frac{d}{H}\right)^2 - \frac{1}{2\,048}\left(\frac{d}{H}\right)^4 - \cdots\right\}$$

4.4 オリフィスおよびせきの越流

上式で $(d/H)^4$ より高次の項は一般的に微小であり，省略できる．よって，大型長方形オリフィスの流量は次式で与えられる．

$$Q = Cbd\sqrt{2gH}\left\{1 - \frac{1}{96}\left(\frac{d}{H}\right)^2\right\} \tag{4.76}$$

式 (4.76) は小型長方形オリフィスに $-(1/96)(d/H)^2$ の補正項が加わった形式となっている．

オリフィスの下流側の水面がオリフィス下端よりも高い場合（$H < H_2$）を潜りオリフィスと呼ぶ．下流側の水面がオリフィス上端よりも高い場合（$H < H_1$）を完全潜りオリフィス（図 4.24），オリフィス上端と下端の間に水面がある場合（$H_2 > H > H_1$）を不完全潜りオリフィスと呼ぶ（図 4.25）．図 4.24 に示すように完全潜りオリフィスにおいては，オリフィス前後の水位差を H とすると，流量 Q が

$$Q = Cav = Ca\sqrt{2gH} \tag{4.77}$$

となる．流量係数 C は，大気中に放出する場合よりわずかに小さな値となる．また，接近流速 v_a を無視できない場合には $Q = Ca\sqrt{2gH + v_a^2}$ となる．また，完全潜りオリフィスの場合には小型と大型の区別はない．

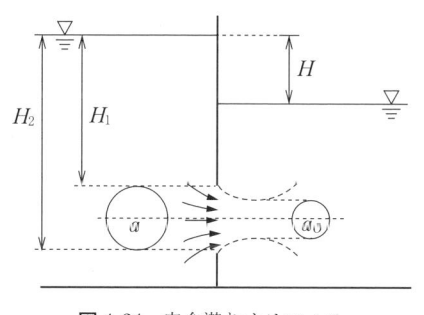

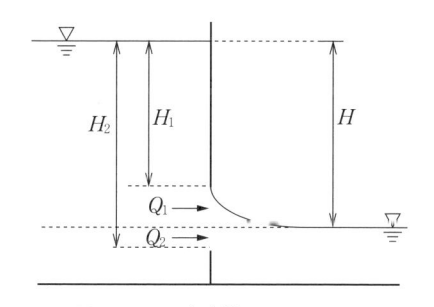

図 4.24 完全潜りオリフィス　　**図 4.25** 不完全潜りオリフィス

不完全潜りオリフィスの場合には，厳密な取り扱いが困難なので，図 4.25 に示すように二つに分けて考える．まず下流側水面より上部では大型オリフィスとして取り扱い，下流側水面より下部は潜りオリフィスとして扱う．

$$Q = Q_1 + Q_2 = C_1\sqrt{2g}\int_{H_1}^{H} b(z)\sqrt{z}\,dz + C_2 a\sqrt{2gH} \tag{4.78}$$

図 4.26 に示すような引上げ扉(とびら)，テンターゲート，ドラムゲートなど水門の種類によって流量係数は大きく異なるが，流れの状態はオリフィスに類似する点が多い。ここでは図（a）に示す引上げ扉について考察する。まず，図（a）に示す水門から流出する流れが射流であり，自由流出する場合で，下流で跳水を経て常流に遷移するような流れを考える。この場合，開口高さ d の水門から出た流れは収縮し，ベナコントラクタでは $C_a d$ となる。水門の幅を B とすると，流量 Q は次式で表される。

$$Q = C_a dBv = C_a C_v dB\sqrt{2g(h-C_a d)} \tag{4.79}$$

水門が刃形である場合，流速係数 C_v，縮流係数 C_a の値は薄刃オリフィスとほぼ同様となり，C_v は $0.95 \sim 0.99$，C_a は 0.61 程度である。

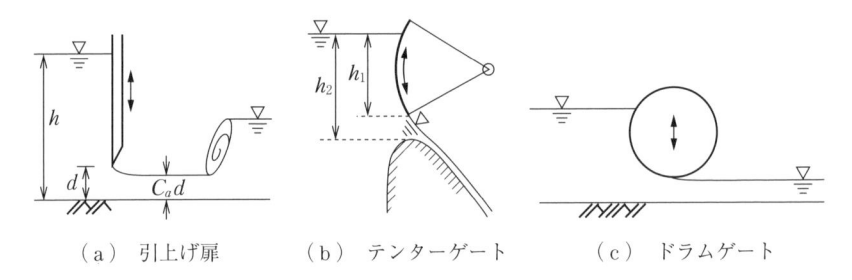

（a）引上げ扉　　　（b）テンターゲート　　　（c）ドラムゲート

図 4.26　代表的な水門の種類

4.4.2　刃形ぜきと流量係数

開水路流においては常流から射流に遷移するときに限界水深が現れ，限界水深によって流量が一義的に決まる。この原理を用いて開水路流の流量を計測することができる。例えば，図 4.27 に示すような全幅ぜきを越流する場合を考える。せきの先端部は通常流れを安定させるために 45° の傾斜をつけてあり，刃形ぜきと呼ばれる。図からわかるように，せき部の流れの急変によりせき近傍では遠心力などが作用するため，圧力分布は静水圧分布ではなく，理論的な

4.4 オリフィスおよびせきの越流

取り扱いが困難である。そのため，せきやダム越流頂における流量は理論的な考察に基づいて基本的な式形を定め，実験により求めた流量係数を用いて補正され実用化されている。

図4.27に示すように，せきを越えて流れる水脈の形状を**ナップ**（nappe）と呼ぶ。

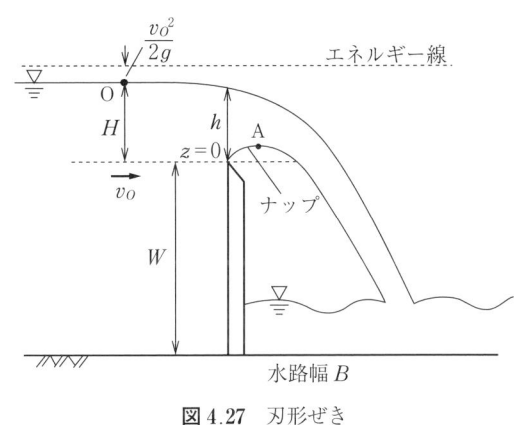

図4.27 刃形ぜき

図からわかるように，せき壁に沿った流れの影響により，せきから流れ出た水脈の底面が上昇し，点Aで最高点に達して流下している。この最高点付近で限界流となるため，せき部の水理量から求められる流量になんらかの補正を施す必要がある。

せきから十分離れた点Oとせき頂部の間でエネルギー損失がないとした場合，せき頂部の位置をエネルギーの基準線として次式が成り立つ。

$$\frac{v_0^2}{2g} + H = \frac{v^2}{2g} + z + \frac{p}{\rho_0 g} \tag{4.80}$$

ここで，v_0は点Oにおける流速，Hは点Oにおけるせき頂部からの水深で，vおよびpはそれぞれせき頂部からの水深zにおける流速および圧力である。また，圧力pの分布は複雑であるが，全面が大気に触れているので大気圧と仮定する。よって，せき部の流速は$v = \sqrt{2g(H-z) + v_0^2}$となる。通常，接近流速$v_0$の速度水頭$v_0^2/2g$は$H$に比べて十分小さい（$v_0^2/2g \ll H$）ので，越流部の流速は$v = \sqrt{2g(H-z)}$と表される。$v$をせき越流部断面で積分すれば流量$Q$が求められる。

$$Q = \int_0^h vB \, dz = B \int_0^h \sqrt{2g(H-z)} \, dz = C_c B \int_0^H \sqrt{2g(H-z)} \, dz$$

$$= \frac{2}{3}\sqrt{2g}\, C_c B H^{\frac{3}{2}} \tag{4.81}$$

上式においては，せき越流部の水深 h の代わりに上流部水深 H を用いるために補正係数 C_c を乗じている。一般的には，流量係数 C を用いて全幅ぜき（図4.28（a））の流量公式は次式で与えられる。

$$Q = CBH^{\frac{3}{2}} \quad [\text{m}^3/\text{s}] \tag{4.82}$$

全幅ぜきの流量係数 C に関しては，石原・井田の式[20] が提案されている。

$$C = 1.785 + \left(\frac{0.00295}{H} + 0.273 \frac{H}{W} \right)(1+\varepsilon) \quad [\text{m}^{1/2} \cdot \text{s}^{-1}] \tag{4.83}$$

ここで，H [m] は越流水深，W [m] は水路底面からせき頂部までの高さであり，ε は補正項で $W \leq 1\,\text{m}$ のとき $\varepsilon = 0$，$W > 1\,\text{m}$ のとき $\varepsilon = 0.55(W-1)$ となる。

図4.28（b）に示すようなせき幅が水路幅よりも小さいせきを四角ぜきと呼ぶ。四角ぜきの場合には横断方向のナップの影響も生じる。流量公式は全幅ぜきの場合と同じく式（4.82）となり，流量係数 C には板谷・手島の式[20] がよく用いられる。

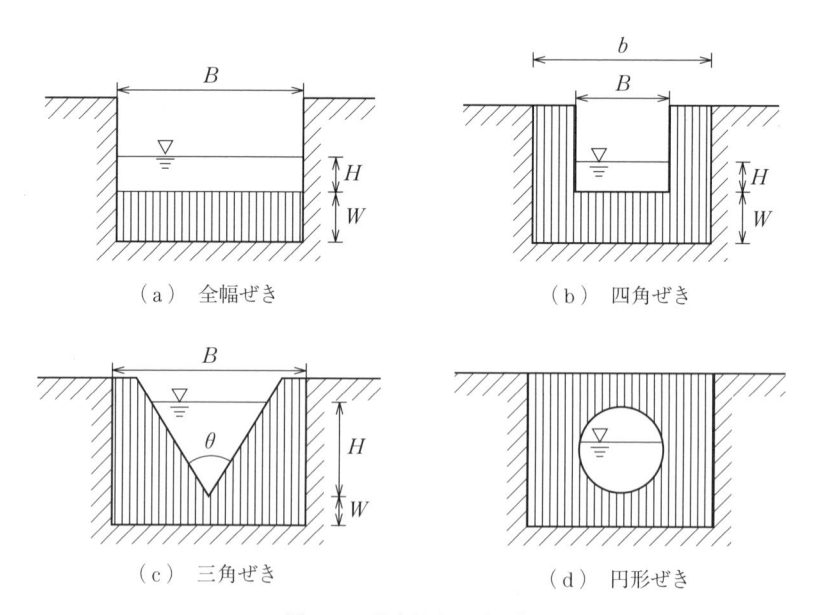

（a）全幅ぜき　　（b）四角ぜき

（c）三角ぜき　　（d）円形ぜき

図4.28　代表的な刃形ぜき

4.4 オリフィスおよびせきの越流

$$C = 1.785 + \frac{0.00295}{H} + 0.237\frac{H}{W} - 0.428\sqrt{\frac{(b-B)H}{bW}}$$
$$+ 0.034\sqrt{\frac{b}{W}} \quad [\text{m}^{1/2}\cdot\text{s}^{-1}] \tag{4.84}$$

ここで，H〔m〕は越流水深，W〔m〕は水路底面からせき頂までの高さ，B〔m〕はせき幅，b〔m〕は水路幅である。

　三角ぜき（図 4.28 (c)）の場合には，幅 B が水深方向に変化するので，流量 Q を求める式 (4.81) において幅 B の z 方向の変化を考慮しなければならない。三角ぜき最深部からの水深 z における幅 B は $B = 2z\tan(\theta/2)$ なので，流量 Q は次式で与えられる。

$$Q = \int_0^h vB\,dz = \int_0^h 2z\tan\frac{\theta}{2}\cdot\sqrt{2g(H-z)}\,dz$$
$$= 2\sqrt{2g}\,\tan\frac{\theta}{2}\cdot C_c\int_0^H z\sqrt{H-z}\,dz = \frac{8}{15}\sqrt{2g}\,\tan\frac{\theta}{2}\cdot C_c H^{\frac{5}{2}} \tag{4.85}$$

接近流速水頭も考慮に入れた流量係数 C を用いて，三角ぜきの流量公式は次式で表される。

$$Q = CH^{\frac{5}{2}} \quad [\text{m}^3/\text{s}] \tag{4.86}$$

三角ぜきの角度 θ が 90°のときの流量係数 C としては沼地・黒川・淵沢の式[20]がある。

$$C = 1.354 + \frac{0.004}{H} + \left(0.14 + \frac{0.2}{\sqrt{W}}\right)\left(\frac{H}{b} - 0.09\right)^2 \quad [\text{m}^{1/2}\cdot\text{s}^{-1}] \tag{4.87}$$

ここで，H〔m〕は越流水深，W〔m〕は水路底面からせき頂までの高さ，b〔m〕は水路幅である。

演習問題

〔**4.1**〕 水路床勾配 $i=1/1\,000$，幅 $B=10$ m の長方形断面開水路に流量 $Q=20$ m^3/s の水が流れている。このときの限界水深 h_C，等流水深 h_0 を求めよ。また，この流量のときの限界勾配 i_C を求めよ。ただし，マニングの粗度係数を $n=0.014$ とする。

〔**4.2**〕 図 4.29 に示すような三角形断面水路において限界水深 $h_C=3$ m となった。このときの流量 Q を求めよ。

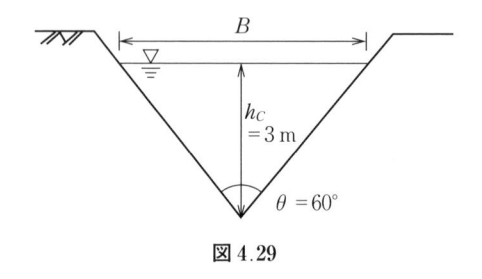

図 4.29

〔**4.3**〕 図 4.30 のような幅 $B=2$ m の水平長方形断面開水路において流量 $Q=10$ m^3/s の水が流れている。このとき断面 II における流速 v_2，水深 h_2，フルード数 Fr_1 を求めよ。また，エネルギー損失水頭を求めよ。ただし，断面 I の流速 $v_1=5$ m/s とする。

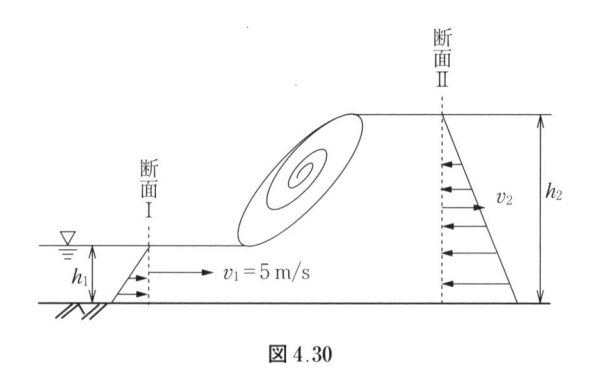

図 4.30

〔**4.4**〕 図 4.31 に示すようなせきを超える流れがある。貯水池 A 内での速度水頭は無視できるものとして，水路幅 $B=2$ m のとき，水路を流れる流量，断面 I，II，III それぞれにおける流速および水深を求めよ。

演　習　問　題

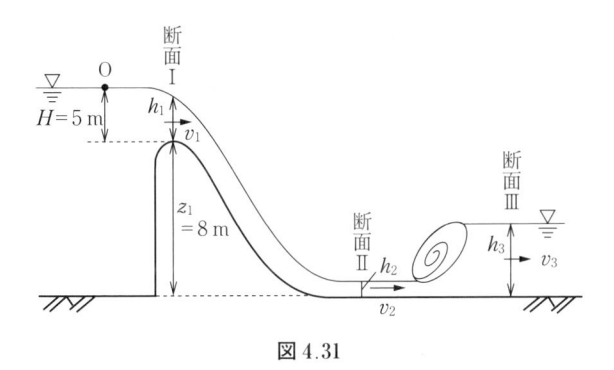

図4.31

[4.5] 図4.32のように低水路が半円形の複断面水路があり，図のような水深で流れている。河床勾配が$i=1/1000$，低水路粗度係数が$n_1=0.02$，高水敷粗度係数が$n_2=n_3=0.05$のとき，流量Qを求めよ。

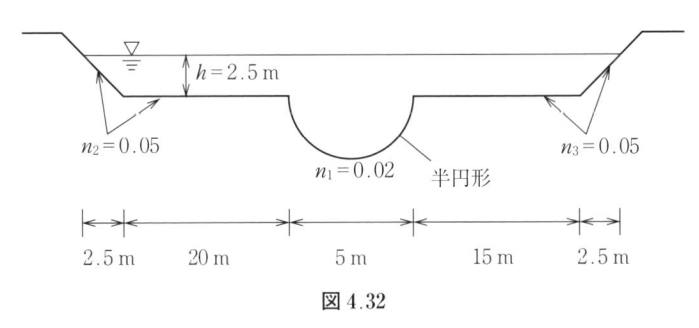

図4.32

[4.6] 図4.33に示すような水路床勾配から成る水路がある。このときの水面形の概略図を示せ。

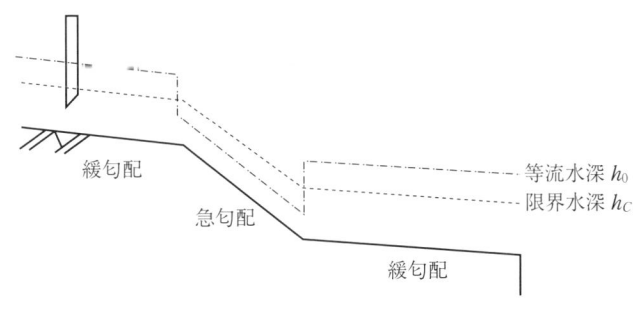

図4.33

〔**4.7**〕 **図4.34**のような二つの水槽の間が断面積 a のオリフィスでつながれている。それぞれの水槽の断面積は A_I, A_II であり,オリフィスの流量係数が C である。水槽ⅠとⅡの水位差が H のときにオリフィスを開放して,水位が等しくなるまでの時間 T を求めよ。

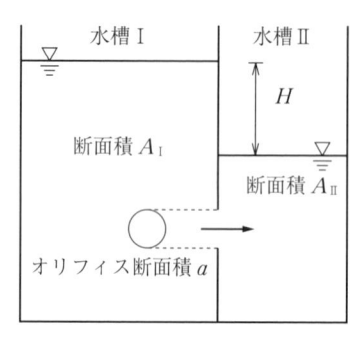

図 4.34

5章 次元解析と相似則

◆ 本章のテーマ

　さまざまな流れの予測や数値計算などにおいては物理モデルを構築する必要がある。物理モデルを検証するためには，水理模型実験が必要となる。本章では水理模型実験を行う上で必要となる次元解析，および模型実験における相似則について学ぶ。次元解析では，現象を規定するパラメータを抽出し，それらの関係を調べる。また，水理模型実験においては模型と原型との力学的な相似性が保たれるようにし，実験結果から原型の力学関係を求める方法を学ぶ。

◆ 本章の構成（キーワード）

5.1　水理学における模型実験
　　　RANS, LES, DNS
5.2　次元解析
　　　レイリーの次元解析法，バッキンガムのπ定理
5.3　模型実験と相似則
　　　レイノルズの相似則，フルードの相似則

◆ 本章を学ぶと以下の内容をマスターできます

- 水理模型実験の位置づけ
- 次元解析の理解と次元解析の方法
- 模型実験における相似則
- 模型実験の結果と原型の力学関係

5.1　水理学における模型実験

　流れを厳密に予測・評価するためには流体の運動方程式であるナビエ・ストークス式と連続の式を解く必要がある。しかし，ナビエ・ストークス式は非線形のために，一般には解析解を得ることができない。そのためなんらかのモデル化により，方程式を線形化する必要がある。この場合にはモデル化する段階でいくつかの仮定が設けられおり，モデル化の妥当性を検証するために水理模型実験や現地観測を実施する。

　近年の電子計算機の進歩に伴い，数値的な解法に関する技術が飛躍的に進歩した。乱流を数値的に解く **RANS**（Reynolds-averaged Navier-Stokes simulation）や **LES**（large Eddy simulation）などの数値計算手法が開発され，さまざまな流れに適用されている。しかし，これらの数値計算手法もモデル化を含んでおり，数値計算結果の検証には実験データとの比較が必要になる。さらに，数値計算分野ではスーパーコンピュータ等の大容量，高速計算ができる電子計算機を用いて直接ナビエ・ストークス式を解く **DNS**（direct numerical simulation）などがある。しかし，現時点では実際の流れに対応するレイノルズ数の下での計算は困難な状態である。

　いずれにせよ，現時点では実験によるモデル化の検証が必要となる。実験を行う上で気をつけなければならないのは，実験から得られた結果が実際の現象を力学的に再現できているかという点である。水理学における研究・調査においてはさまざまな手法が用いられており，水理学に関するさまざまな現象の解明が進められている。流れの本質を理解するには，流れを詳細に観察し，どのような現象が流れを規定しているかを見つけ出し，さらにその現象を抽出して数学的に記述する必要がある。

　本章では，まず実験結果の整理等に用いられる次元解析について述べる。さらに，実験を行う上で問題となる実験模型と原型との相似則について述べる。

5.2 次元解析

5.2.1 次元解析の原理

さまざまな物理量が現象に関係しており，現象を予測・評価するにはそれらの関係を方程式で関係づける必要がある。このとき，方程式の左辺と右辺の次元は等しくなければならない。例えば，左辺が長さの次元であった場合には右辺も長さの次元を持たなければならない。物理学的に正しい方程式において両辺の次元が等しいということを利用して，物理量間の関係を無次元量の関数関係としてある程度求めることができる。この方法を**次元解析**（dimensional analysis）と呼ぶ。実験計画を立てるときや現象が複雑で解析的に解けない現象などによく用いられる。次元解析の方法として，**レイリーの方法**（Rayleigh's method）と**バッキンガムのπ定理**（Buckingham's π theorem）がある。まず，レイリーの方法について述べる。

5.2.2 レイリーの次元解析法

例えば，**図5.1**に示すように，密度ρ，粘性係数μの流体が流速Uで流れている中に直径dの球体が置かれたときに球体が受ける抗力Dについて考える。抗力Dは次式のような関数関係で表される。

$$D = f(d, U, \rho, \mu) \quad (5.1)$$

つまり，抗力Dはd，U，ρ，μによって規定されていることを表している。式(5.1)を指数形で表すと

$$D = k d^x U^y \rho^z \mu^a \quad (5.2)$$

となる。ここで，kは無次元定数である。

図5.1 球体に作用する力

それぞれの物理量の次元は力学において L-M-T（長さ-質量-時間）系で表すことができることはすでに説明した（1.2.1項参照）。それぞれの物理量は

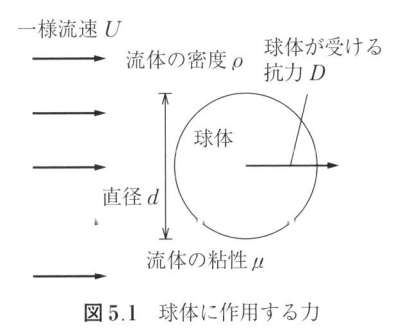

つぎのような次元を有している。

$[D] = [F] = [\text{MLT}^{-2}]$, $[d] = [\text{L}]$, $[U] = [\text{LT}^{-1}]$,
$[\rho] = [\text{ML}^{-3}]$, $[\mu] = [\text{ML}^{-1}\text{T}^{-1}]$

よって，式 (5.2) の次元に関する方程式（これを「次元方程式」という）は

$$[\text{MLT}^{-2}] = [\text{L}]^x [\text{LT}^{-1}]^y [\text{ML}^{-3}]^z [\text{ML}^{-1}\text{T}^{-1}]^\alpha \tag{5.3}$$

となる。両辺の次元は一致しなければならないので，L，M，T の各次元の両辺の指数関係を調べるとつぎのようになる。

M： $1 = 0 + 0 + z + \alpha$
L： $1 = x + y - 3z - \alpha$
T： $-2 = 0 - y + 0 - \alpha$

未知数 x, y, z, α の 4 個に対して方程式は 3 個であるため，α を未定のままにして x, y, z を求める。

$$x = 2 - \alpha, \quad y = 2 - \alpha, \quad z = 1 - \alpha$$

よって，式 (5.2) は次式のようになる。

$$D = k\rho U^2 d^2 \left(\frac{\mu}{\rho U d}\right)^\alpha \quad \Rightarrow \quad \frac{D}{\rho U^2 d^2} = k\left(\frac{\mu}{\rho U d}\right)^\alpha \tag{5.4}$$

式 (5.4) は，式 (5.2) で仮定したように物理量の指数関数形の積として求めた結果に一致しており，一般的には以下のような関数関係で表される。

$$\frac{D}{\rho U^2 d^2} = \phi\left(\frac{\mu}{\rho U d}\right) = \phi(Re) \tag{5.5}$$

ここで，$D/\rho U^2 d^2$ および $\mu/\rho U d$ は無次元量であり，ϕ は無次元関数である。$\mu/\rho U d$ はレイノルズ数 Re の逆数なので，球体が受ける抗力に関する無次元数 $D/\rho U^2 d$ は Re の関数となることがわかる。

以上の結果より，式 (5.1) の 5 個の物理量の関係式は 2 個の無次元量の関係式へと整理された。これらの具体的な関係は実験において求めればよいことになり，5 個の物理量の組み合わせの条件すべてを求める必要はなくなる。また，上記の説明でもわかるように現象を規定する物理量の中で重要なものに指数 x, y, z を用いており，これらをどのように選ぶかが大切になる。いまの

場合，流れの幾何学的性質を代表する長さ d，流れの運動学的な性質を表す速度 U，流体の性質を代表する密度 ρ の3個の物理量が重要であるとして選ばれている。

5.2.3 バッキンガムの π 定理

レイリーの方法においては，抗力 D，球体の直径 d，流体の流速 U，流体の密度 ρ，流体の粘性 μ の5個（$=n$ 個）の物理量の関係を，D に対して4個（$=n-1$ 個）の物理量の指数関係式として求めた。基本量は L，M，T の3個（$=m$ 個）なので，三つの次元方程式が得られる。よって，1個（$=n-1-m$ 個）の指数 a を含んだ形で指数 x，y，z が決定される。最終的に左辺に1個，右辺に1個（$=n-1-m$ 個），合計2個（$=1+n-1-m=n-m$ 個）の無次元量の関係式となる。括弧内に示したとおり，物理量が n 個，基本量が m 個の場合，$n \geq m$ の条件を満たせば n 個の物理量の関係を $n-m$ 個の無次元量の関係式としてまとめることができる。バッキンガムの π 定理ではこのことを利用して無次元量の関係を求める。

ある物理現象で物理量 a_1 を規定する物理量として $a_2, a_3, a_4, \cdots, a_n$ の $n-1$ 個が考えられるとき，関数関係は次式で表される。

$$a_1 = f(a_2, a_3, a_4, \cdots, a_n) \tag{5.6}$$

基本量が m 個とすると，$n-m$ 個の無次元量 π_1，π_2，π_3，π_4，$\cdots$，π_{n-m} を用いた以下の関数関係として表すことができる。

$$\pi_1 = \phi(\pi_2, \pi_3, \pi_4, \cdots, \pi_{n-m}) \tag{5.7}$$

水理学では現象を最も支配的に規定する物理量は，幾何学的な物理量，運動学的な物理量，流体の特性量であり，この3個の物理量を代表量（基本量の個数と等しい）として選ぶ。図5.1に示した例に対しバッキンガムの π 定理を用いて無次元量の関数関係を求めてみる。$n=5$，$m=3$ なので，抗力 D，密度 ρ，粘性係数 μ，流速 U，円柱の直径 d に関して2（$=n-m$）個の無次元量の関係式

$$\pi_1 = \phi(\pi_2) \tag{5.8}$$

が得られる。いま，代表量として，幾何学的な物理量である直径 d，運動学的な物理量である流速 U，および流体の特性量として密度 ρ を選ぶ。このとき，無次元量 π_1，π_2 は以下のように表される。

$$\pi_1 = d^{x_1} U^{y_1} \rho^{z_1} D, \qquad \pi_2 = d^{x_2} U^{y_2} \rho^{z_2} \mu$$

各無次元量について次元方程式を解く。まず，π_1 に関しては以下のようになる。

表5.1 代表的な物理量

物理量	SI単位	次元
幾何学量		
長さ	m	L
面積	m^2	L^2
体積	m^3	L^3
角度	rad	無次元
勾配	−	無次元
運動学的物理量		
時間	s	T
速度	m/s	LT^{-1}
角速度	rad/s	T^{-1}
周波数	Hz(=1/s)	T^{-1}
加速度	m/s^2	LT^{-2}
流量	m^3/s	$L^3 T^{-1}$
単位幅流量	m^2/s	$L^2 T^{-1}$
動粘性係数	m^2/s	$L^2 T^{-1}$
拡散係数	m^2/s	$L^2 T^{-1}$
速度ポテンシャル	m^2/s	$L^2 T^{-1}$
力学的物理量		
質量	kg	M
密度	kg/m^3	ML^{-3}
力	N (=kg·m/s^2)	MLT^{-2}
応力	Pa(=N/m^2)	$ML^{-1}T^{-2}$
単位体積重量	N/m^3	$ML^{-2}T^{-2}$
運動量	kg·m/s	MLT^{-1}
仕事・エネルギー	J(=N·m)	$ML^2 T^{-2}$
仕事率	W(=J/s)	$ML^2 T^{-3}$
粘性係数	Pa·s	$ML^{-1}T^{-1}$
表面張力	N/m	MT^{-2}

π_1 の次元方程式： $[L^0M^0T^0] = [L]^{x_1}[LT^{-1}]^{y_1}[ML^{-3}]^{z_1}[MT^{-2}]$

L： $0 = x_1 + y_1 - 3z_1$

M： $0 = 0 + 0 + z_1 + 1$

T： $0 = 0 - y_1 + 0 - 2$

$x_1 = -1$, $y_1 = -2$, $z_1 = -1$ となるので，無次元量 π_1 は $\pi_1 = D/(\rho U^2 d)$ となる。π_2 に関しては以下のようになる。

π_2 の次元方程式： $[L^0M^0T^0] = [L]^{x_2}[LT^{-1}]^{y_2}[ML^{-3}]^{z_2}[ML^{-1}T^{-1}]$

L： $0 = x_2 + y_2 - 3z_2 - 1$

M： $0 = 0 + 0 + z_2 + 1$

T： $0 = 0 - y_2 + 0 - 1$

$x_1 = -1$, $y_1 = -1$, $z_1 = -1$ となるので，無次元量 π_2 は $\pi_2 = \mu/(\rho U d) = Re^{-1}$ となる。

よって，二つの無次元量間の関係式は

$$\frac{D}{\rho U^2 d} = \phi\left(\frac{\mu}{\rho U D}\right) = \phi(Re) \tag{5.9}$$

となる。**表**5.1 に，水理学で用いられる代表的な物理量の次元を列挙する。

5.3 模型実験と相似則

5.3.1 水理学における模型実験の相似則

まず，流体運動を規定する運動方程式であるナビエ・ストークス方程式を無次元化する。単純化のために 2 次元の場合を考えれば，ナビエ・ストークス方程式は以下のようになる。

$$\left.\begin{array}{l}\dfrac{\partial u}{\partial t} + u\dfrac{\partial u}{\partial x} + v\dfrac{\partial u}{\partial y} = f_x - \dfrac{\partial}{\partial x}\left(\dfrac{p}{\rho}\right) + \nu\left(\dfrac{\partial^2 u}{\partial x^2} + \dfrac{\partial^2 u}{\partial y^2}\right) \\ \dfrac{\partial v}{\partial t} + u\dfrac{\partial v}{\partial x} + v\dfrac{\partial v}{\partial y} = f_y - \dfrac{\partial}{\partial y}\left(\dfrac{p}{\rho}\right) + \nu\left(\dfrac{\partial^2 v}{\partial x^2} + \dfrac{\partial^2 v}{\partial y^2}\right)\end{array}\right\} \tag{5.10}$$

流れを代表する長さのスケールを L，代表する流速のスケールを U とすると

$$x = L\dot{x}, \quad y = L\dot{y}, \quad u = U\dot{u}, \quad v = U\dot{v}, \quad t = \frac{L}{U}\dot{t}, \quad p = \rho U^2 \dot{p}$$

となる。ここで，$\dot{x}$，$\dot{y}$，$\dot{u}$，$\dot{v}$，$\dot{t}$，$\dot{p}$ は無次元量である。これらの関係を式 (5.10) に代入すると次式のようになる。

$$\left.\begin{array}{l}\dfrac{U^2}{L}\left(\dfrac{\partial \dot{u}}{\partial \dot{t}} + \dot{u}\dfrac{\partial \dot{u}}{\partial \dot{x}} + \dot{v}\dfrac{\partial \dot{u}}{\partial \dot{y}}\right) = f_x - \dfrac{U^2}{L}\dfrac{\partial \dot{p}}{\partial \dot{x}} + \dfrac{\nu U}{L^2}\left(\dfrac{\partial^2 \dot{u}}{\partial \dot{x}^2} + \dfrac{\partial^2 \dot{u}}{\partial \dot{y}^2}\right) \\[2ex] \dfrac{U^2}{L}\left(\dfrac{\partial \dot{v}}{\partial \dot{t}} + \dot{u}\dfrac{\partial \dot{v}}{\partial \dot{x}} + \dot{v}\dfrac{\partial \dot{v}}{\partial \dot{y}}\right) = f_y - \dfrac{U^2}{L}\dfrac{\partial \dot{p}}{\partial \dot{y}} + \dfrac{\nu U}{L^2}\left(\dfrac{\partial^2 \dot{v}}{\partial \dot{x}^2} + \dfrac{\partial^2 \dot{v}}{\partial \dot{y}^2}\right)\end{array}\right\} \quad (5.11)$$

外力加速度として重力のみを考えて $f_x = 0$，$f_y = -g$ とすると，式 (5.11) は以下のようになる。

$$\left.\begin{array}{l}\dfrac{\partial \dot{u}}{\partial \dot{t}} + \dot{u}\dfrac{\partial \dot{u}}{\partial \dot{x}} + \dot{v}\dfrac{\partial \dot{u}}{\partial \dot{y}} = -\dfrac{\partial \dot{p}}{\partial \dot{x}} + \dfrac{\nu}{UL}\left(\dfrac{\partial^2 \dot{u}}{\partial \dot{x}^2} + \dfrac{\partial^2 \dot{u}}{\partial \dot{y}^2}\right) \\[2ex] \dfrac{\partial \dot{v}}{\partial \dot{t}} + \dot{u}\dfrac{\partial \dot{v}}{\partial \dot{x}} + \dot{v}\dfrac{\partial \dot{v}}{\partial \dot{y}} = \dfrac{L}{U^2}g - \dfrac{\partial \dot{p}}{\partial \dot{y}} + \dfrac{\nu}{UL}\left(\dfrac{\partial^2 \dot{v}}{\partial \dot{x}^2} + \dfrac{\partial^2 \dot{v}}{\partial \dot{y}^2}\right)\end{array}\right\} \quad (5.12)$$

式 (5.12) は無次元ナビエ・ストークス式である。上式の各項は無次元量となるが，重力項と粘性項は代表スケールを含んだ項となっている。これらの値は慣性項に対する重力項および粘性項の割合を示しており，それぞれフルード数 Fr の 2 乗の逆数，レイノルズ数 Re の逆数となっている点に注目する必要がある。

$$Fr^2 = \frac{U^2}{gL} \quad \Rightarrow \quad \frac{[慣性項]}{[重力項]}$$

$$Re = \frac{UL}{\nu} \quad \Rightarrow \quad \frac{[慣性項]}{[粘性項]}$$

Fr が大きな値になることは重力項に比べて慣性項が大きくなることなので，流れは重力に比べて慣性力の影響を大きく受けることになり，逆に Fr が小さくなると流れは重力の影響を大きく受けることになる。また，Re が大きくなると流れは粘性に比べて慣性力の影響を大きく受け，逆に Re が小さいときは

粘性の影響を大きく受けることを意味している。

　模型実験を行うとき，現地で起こり得る流れを再現するには幾何学的な相似性とともに力学的な相似性も考慮しなければならない。よって式 (5.12) で示すように運動方程式において模型と原型の相似性が求められ，現地で起こり得る Fr，および Re を一致させておく必要がある。しかし，実際の実験においては Fr と Re を同時に一致させることは困難であり，対象とする流れに応じて重力項と粘性項のどちらが重要であるかを判断して，一方だけを一致させて実験を行い，他方の影響は理論的もしくは実験的に補正する方法が用いられる。自由表面を持たない管路流等の流れでは一般的に Re を一致させて実験をすればよく，これを**レイノルズの相似則**（Reynolds' law of similarity）と呼んでいる。また，自由表面を持つ開水路流などの流れでは重力項の影響を大きく受けるので Fr を一致させて実験を行う。これを**フルードの相似則**（Froude's similarity）と呼んでいる。

5.3.2　レイノルズの相似則

　まず，レイノルズの相似則について考察する。**模型**（model）の諸量には m の添え字をつけ，**原型**（prototype）の諸量には p の添え字をつける。レイノルズの相似則に従って実験を行う場合，模型と原型のレイノルズ数 Re を一致させる必要がある。

$$Re = \frac{U_m L_m}{\nu_m} = \frac{U_p L_p}{\nu_p} \tag{5.13}$$

模型の縮尺を $\lambda = L_m / L_p$ とすると，模型と原型の速度比は上式より

$$\frac{U_m}{U_p} = \frac{\nu_m}{\nu_p} \frac{L_p}{L_m} = \frac{1}{\lambda} \frac{\nu_m}{\nu_p} \tag{5.14}$$

となり，縮尺 λ と使用する流体の粘性の比により決まることがわかる。使用する流体が同じであれば，流速比は縮尺 λ の逆数となる。また，流量 Q については

$$\frac{Q_m}{Q_p} = \frac{A_m U_m}{A_p U_p} = \frac{L_m^2 U_m}{L_p^2 U_p} = \lambda^2 \frac{1}{\lambda} \frac{\nu_m}{\nu_p} = \lambda \frac{\nu_m}{\nu_p} \tag{5.15}$$

となる。

つぎに，圧力について考える。圧力については以下の条件が成り立つ。

$$\frac{p_m}{\rho_m U_m^2} = \frac{p_p}{\rho_p U_p^2} \quad \Rightarrow \quad \frac{p_m}{p_p} = \frac{\rho_m}{\rho_p} \frac{U_m^2}{U_p^2} = \frac{1}{\lambda^2} \frac{\rho_m}{\rho_p} \left(\frac{\nu_m}{\nu_p}\right)^2 \tag{5.16}$$

同様に力 F については

$$\frac{F_m}{\rho_m U_m^2 L_m^2} = \frac{F_p}{\rho_p U_p^2 L_p^2}$$

$$\Rightarrow \quad \frac{F_m}{F_p} = \frac{\rho_m}{\rho_p} \frac{U_m^2}{U_p^2} \frac{L_m^2}{L_p^2} = \frac{\rho_m}{\rho_p} \frac{1}{\lambda^2} \left(\frac{\nu_m}{\nu_p}\right)^2 \lambda^2 = \frac{\rho_m}{\rho_p} \left(\frac{\nu_m}{\nu_p}\right)^2 \tag{5.17}$$

となり，縮尺 λ と無関係に相似性が成り立つ。

5.3.3 フルードの相似則

5.3.1 項で述べたとおり，開水路流のような自由表面を持つ流れについて，模型実験において原型で生じる流れを再現するにはフルード数 Fr を一致させなければならない。フルードの相似則に従って実験を行う場合

$$Fr = \frac{U_m}{\sqrt{gL_m}} = \frac{U_p}{\sqrt{gL_p}} \tag{5.18}$$

を満足しなければならない。このとき，模型と原型の流速比は以下のようになる。

$$\frac{U_m}{U_p} = \frac{\sqrt{gL_m}}{\sqrt{gL_p}} = \sqrt{\frac{L_m}{L_p}} = \sqrt{\lambda} \tag{5.19}$$

式 (5.19) からわかるように，フルードの相似則に従った模型実験での流速比は縮尺の平方根になる。また，流量比については

$$\frac{Q_m}{Q_p} = \frac{A_m U_m}{A_p U_p} = \frac{L_m^2 U_m}{L_p^2 U_p} = \lambda^2 \sqrt{\lambda} = \lambda^{\frac{5}{2}} \tag{5.20}$$

となり，流量比は縮尺の 5/2 乗になることがわかる。

つぎに，圧力および力について考察する。圧力および力に関しては次式が成

5.3 模型実験と相似則

り立つ.

$$\frac{p_m}{\rho_m U_m^2} = \frac{p_p}{\rho_p U_p^2} \quad \Rightarrow \quad \frac{p_m}{p_p} = \frac{\rho_m}{\rho_p} \frac{U_m^2}{U_p^2} = \lambda \frac{\rho_m}{\rho_p} \tag{5.21}$$

$$\frac{F_m}{\rho_m U_m^2 L_m^2} = \frac{F_p}{\rho_p U_p^2 L_p^2}$$

$$\Rightarrow \quad \frac{F_m}{F_p} = \frac{\rho_m}{\rho_p} \frac{U_m^2}{U_p^2} \frac{L_m^2}{L_p^2} = \frac{\rho_m}{\rho_p} \lambda \cdot \lambda^2 = \lambda^3 \frac{\rho_m}{\rho_p} \tag{5.22}$$

このように,圧力,力に関しては縮尺 λ と流体の密度比で決まる.模型実験と原型で使用する流体が同じであれば,圧力については縮尺比となり,力については縮尺比の3乗になることがわかる.

レイノルズの相似則とフルードの相似則を同時に満足するには,式 (5.14) と式 (5.19) を同時に満足しなければならない.よって

$$\frac{U_m}{U_p} = \frac{1}{\lambda} \frac{\nu_m}{\nu_p} = \sqrt{\lambda} \quad \Rightarrow \quad \frac{\nu_m}{\nu_p} = \lambda^{\frac{3}{2}} \tag{5.23}$$

を満足しなければならず,実在の流体でこの条件を満足するのは非常に困難である.

大河川の場合,水平スケール(川幅など)と鉛直スケール(水深など)が大きく異なる場合がある.このような流れの模型実験を実施する場合,スケールの大きな水平スケールを基準に縮尺を決めると,スケールの小さな鉛直スケールが小さくなりすぎて,流れをうまく再現することができない.よって,水平方向の縮尺と鉛直方向の縮尺を変化させて実験を行う.このような模型を歪模型 (distorted model) と呼ぶ.

例えば,幅広の長方形断面の非定常流の摩擦項をマニングの粗度係数を用いて表す場合,式 (4.47″) より

$$\frac{1}{g}\frac{\partial v}{\partial t} + \frac{v}{g}\frac{\partial v}{\partial x} - i + \frac{\partial h}{\partial x} + \frac{n^2 v^2}{h^{\frac{4}{3}}} = 0 \tag{5.24}$$

となる.このような流れを歪模型実験で調べる場合,水平縮尺 λ_x と鉛直縮尺 λ_y によって,他の特性量がどのようになるかを考える.

まず，実際の流れと歪模型の流れが式 (5.24) を満足する必要がある．つまり

$$\frac{1}{g_p}\frac{\partial v_p}{\partial t_p} + \frac{v_p}{g_p}\frac{\partial v_p}{\partial x_p} - i_p + \frac{\partial h_p}{\partial x_p} + \frac{n_p^2 v_p^2}{h_p^{\frac{4}{3}}} = 0 \qquad (5.25)$$

$$\frac{1}{g_m}\frac{\partial v_m}{\partial t_m} + \frac{v_m}{g_m}\frac{\partial v_m}{\partial x_m} - i_m + \frac{\partial h_m}{\partial x_m} + \frac{n_m^2 v_m^2}{h_m^{\frac{4}{3}}} = 0 \qquad (5.26)$$

となる必要がある．各物理量の縮尺を以下のように設定する．

$$\lambda_g = \frac{g_m}{g_p}, \qquad \lambda_v = \frac{v_m}{v_p}, \qquad \lambda_t = \frac{t_m}{t_p}, \qquad \lambda_x = \frac{x_m}{x_p},$$

$$\lambda_y = \frac{h_m}{h_p}, \qquad \lambda_i = \frac{i_m}{i_p}, \qquad \lambda_n = \frac{n_m}{n_p}$$

上式の関係を式 (5.26) に代入すると

$$\left(\frac{\lambda_v}{\lambda_g \lambda_t}\right)\frac{1}{g_p}\frac{\partial v_p}{\partial t_p} + \left(\frac{\lambda_v^2}{\lambda_g \lambda_x}\right)\frac{v_p}{g_p}\frac{\partial v_p}{\partial x_p} - \lambda_i\, i_p + \left(\frac{\lambda_y}{\lambda_x}\right)\frac{\partial h_p}{\partial x_p} + \left(\frac{\lambda_n^2 \lambda_v^2}{\lambda_y^{\frac{4}{3}}}\right)\frac{n_p^2 v_p^2}{h_p^{\frac{4}{3}}}$$

$$= 0 \qquad (5.27)$$

となる．式 (5.27) と式 (5.25) が等しくなるためには

$$\frac{\lambda_v}{\lambda_g \lambda_t} = \frac{\lambda_v^2}{\lambda_g \lambda_x} = \lambda_i = \frac{\lambda_y}{\lambda_x} = \frac{\lambda_n^2 \lambda_v^2}{\lambda_y^{\frac{4}{3}}} \qquad (5.28)$$

を満足しなければならない．上式より，各縮尺が水平方向の縮尺 λ_x と鉛直方向の縮尺 λ_y によってどのように表せるかを調べる．

まず，重力加速度縮尺 λ_g に関しては，特殊な実験装置を使わない限り重力加速度を変化させることは困難なので，$\lambda_g = 1$ と考える．

水路床勾配の縮尺 λ_i は，式 (5.28) より次式となる．

$$\lambda_i = \frac{\lambda_y}{\lambda_x} \qquad (5.29)$$

速度の縮尺 λ_v については，式 (5.28) より $\lambda_v^2/\lambda_g \lambda_x = \lambda_y/\lambda_x$ を満足しなければならない．これはフルードの相似則 $\lambda_v^2/\lambda_g \lambda_y = 1$ に一致し，$\lambda_g = 1$ を考慮すると

$$\lambda_v = \lambda_y^{\frac{1}{2}} \qquad (5.30)$$

となる。時間の縮尺 λ_t は，式 (5.28) より

$$\lambda_t = \frac{\lambda_v}{\lambda_g}\frac{\lambda_x}{\lambda_y} = \lambda_y^{\frac{1}{2}}\frac{\lambda_x}{\lambda_y} = \frac{\lambda_x}{\sqrt{\lambda_y}} \tag{5.31}$$

となる。最後に，マニングの粗度係数の縮尺 λ_n は，式 (5.28) より

$$\lambda_n = \left(\frac{\lambda_y^{\frac{7}{3}}}{\lambda_x \lambda_v^2}\right)^{\frac{1}{2}} = \left(\frac{\lambda_y^{\frac{7}{3}}}{\lambda_x \lambda_y}\right)^{\frac{1}{2}} = \frac{\lambda_y^{\frac{2}{3}}}{\lambda_x^{\frac{1}{2}}} \tag{5.32}$$

となる。

以上，式 (5.29)〜(5.32) により，各物理量の縮尺が水平方向の縮尺 λ_x と鉛直方向の縮尺 λ_y によって求められ，実際の流れ歪模型実験の流れの相似関係が決まる。

演習問題

[5.1] 図5.2に示すように，長さ l の重さのない糸に質量 m の錘をつけて振り子のように振動させた。このときの振動周期 T_0 は，糸の長さ l，錘の質量 m，重力加速度 g によって決まる。振動周期 T_0 の関数形を次元解析により求めよ。

[5.2] 図5.3のような一様流れの中の円柱に作用する単位長さあたりの力 F [N/m] は，一様流速 U，流体の密度 ρ，流体の粘性係数 μ，円柱の直径 d で決まる。円柱の単位長さあたりに作用する力 F の関数形を次元解析により求めよ。

[5.3] 球体粒子が流体中を自由落下するとき，重力と抗力がつり合い，一定の速度で落下する状態になる（図5.4）。この速度を**終端速度**（terminal velocity）と呼ぶ。終端速度 w は，流体の密度 ρ，流体の粘性係数 μ，球体粒子の直径 d，球体粒子の密度 ρ_s，重力加速度 g で決まる。終端速度 w の関数形を求めよ。

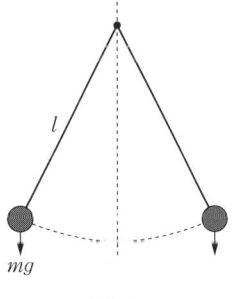

図5.2

図 5.3

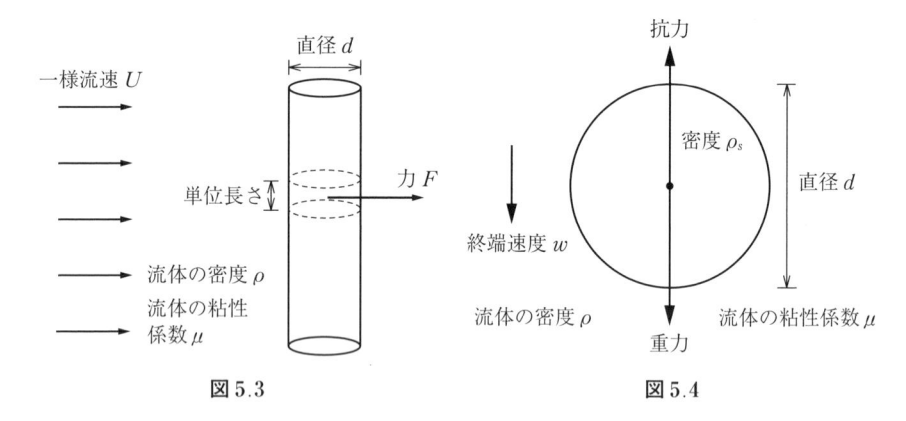

図 5.4

〔5.4〕 ダム越流の実験を 1/50 の模型縮尺で行った。実際の設計流量が $500\,\mathrm{m^3/s}$ である場合の模型の流量を求めよ。また，模型実験において計測された圧力を実際の圧力に換算するには何倍にする必要があるかを求めよ。ただし，ダム越流においては重力項が支配的となる。

〔5.5〕 幅広の長方形断面の開水路で生じる洪水流の模型実験を行った。鉛直方向の縮尺 1/20，水平方向の縮尺 1/300 の歪模型実験において洪水流の到達時間が 30 秒であった。実際の流れにおける洪水流の到達時間を求めよ。

引用・参考文献

1) 高橋　裕：新版 河川工学，東京大学出版会（2008）
2) 玉井信行，中村俊六，水野信彦：河川生態環境工学 — 魚類生態と河川計画，東京大学出版会（1993）
3) 芦田和男，江頭進治，ほか：21 世紀の河川学，京都大学学術出版会（2008）
4) 酒井哲郎：海岸工学入門，森北出版（2001）
5) 椹木　亨，出口一郎：新編 海岸工学，共立出版（1996）
6) 合田良實：海岸・港湾 二訂版，彰国社（1998）
7) 茂庭竹生：改訂 上下水道工学，土木系大学講義シリーズ，コロナ社（2007）
8) 末石冨太郎編：衛生工学，鹿島出版会（1987）
9) 有田正光編：水圏の環境，東京電機大学出版局（1998）
10) 風間　聡：水文学，土木・環境系コアテキストシリーズ，コロナ社（2011）
11) 関根正人：移動床流れの水理学，共立出版（2005）
12) 国立天文台編：理科年表 平成 22 年 机上版，丸善（2010）
13) 小間　篤，青野正和，石橋幸治，塚田　捷，常行真司，長谷川修司，八木克道，吉信　淳編：表面物性工学ハンドブック 第 2 版，丸善（2007）
14) 日野幹夫：流体力学，朝倉書店（1992）
15) 今井　功：流体力学（前編），裳華房（1973）
16) 椿東一郎：水理学 I，基礎土木工学全書〈6〉，森北出版（1973）
17) 犬井鐵郎：偏微分方程式とその応用，応用数学講座 9，コロナ社（1957）
18) 矢野健太郎：微分方程式，裳華房（1959）
19) 椿東一郎，荒木正夫：水理学演習 上巻，森北出版（1961）
20) 土木学会水理委員会編：水理公式集，土木学会（1980）
21) Colebrook, C. F.：Turbulent Flow in Pipes, with Particular Reference to the Transition Region between the Smooth and Rough Pipe Laws. Journal of Institution of Civil Engineers（1939）
22) Moody, L. F.：Friction factors for pipe flow, Trans. ASME（Nov. 1944）
23) Gibson, A. H.：The conversion of kinetic to pressure energy in the flow of water through passage having divergent boundaries, Engineering, Vol.93, p.205（1912），Gibson, A. H.：On the flow of water through pipes and passage having converging and diverging boundaries, Roy. Soc. London, Proc., A, Vol.83, p.83, p.366（1910）
24) 土木学会水理委員会編：水理公式集，p.399，土木学会（1980）
25) 機械設計便覧編集委員会編：機械設計便覧 第 3 版，丸善（1992）
26) 加藤洋治編著：新版 キャビテーション — 基礎と最近の進歩，槇書店（1999）

演習問題解答

1章

〔1.1〕 水の単位体積重量を工学単位系で表すと $w_0 = \rho_0 g = 1\,000\,\mathrm{kgf/m^3}$ となり，SI で表すと以下のようになる。

$$w = \rho_0 g = 1\,000 \times 9.8 = 9\,800\,\mathrm{N/m^3} = 9.8\,\mathrm{kN/m^3}$$

〔1.2〕 水の単位重量は $w_0 = 9\,800\,\mathrm{N/m^3}$ なので，体積 $V = 1\,\mathrm{cm^3} = 1 \times 10^{-6}\,\mathrm{m^3}$ の水銀の重量 W_{Hg} は，w_{Hg} を水銀の単位体積重量として以下のようになる。

$$W_{Hg} = w_{Hg} V = \gamma_{Hg} w_0 V = 13.6 \times 9\,800 \times 10^{-6} = 0.133\,\mathrm{N}$$

〔1.3〕 月面上の比重は地球上の比重と同じである。よって，月面上での $1\,\mathrm{m^3}$ の石英の重量 W_s は月面上での $1\,\mathrm{m^3}$ の水の重量 W に石英の比重 γ_s をかけた値となる。

$$W_s = \gamma_s W = 2.65 \times 1\,622\,\mathrm{N} = 4\,298.3\,\mathrm{N}$$

〔1.4〕 粘性係数は，式 (1.1) より以下のようになる。

$$\mu = \frac{F}{A}\frac{d}{U} = \frac{0.1}{1} \times \frac{0.05}{5} = 1.0 \times 10^{-3}\,\mathrm{Pa \cdot s}$$

〔1.5〕 式 (1.5) より，毛管現象による液面上昇高さ h は以下のようになる。

$$h = \frac{4T\cos\theta}{\rho g D} = \frac{4 \times 73 \times \cos 6°}{1 \times 980 \times 0.3} = 0.988\,\mathrm{cm}$$

2章

〔2.1〕 止水壁に作用する圧力分布は**解図 2.1** に示すようになる。左側から作用する水圧 P_1 および右側から作用する水圧 P_2 は以下のようになる。

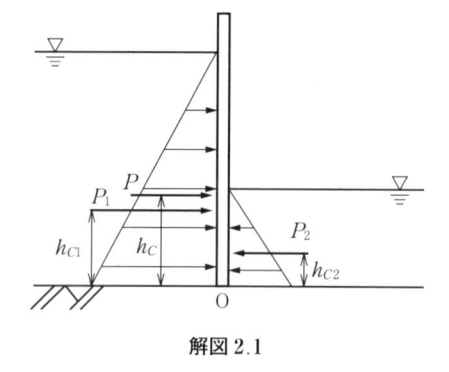

$$P_1 = \frac{1}{2}\rho_0 g h_1^2 B$$

$$= \frac{1}{2} \times 1\,000 \times 9.8 \times 5^2 \times 2$$

$$= 245\,\mathrm{kN}$$

$$P_2 = \frac{1}{2}\rho_0 g h_2^2 B$$

$$= \frac{1}{2} \times 1\,000 \times 9.8 \times 2^2 \times 2$$

$$= 39.2\,\mathrm{kN}$$

解図 2.1

止水壁に作用する全水圧 P は P_1 から P_2 を差し引いた値となる。

$$P = P_1 - P_2 = 245 - 39.2 = 205.8\,\mathrm{kN}$$

演 習 問 題 解 答

全水圧 P の作用位置を h_C として点 O まわりのモーメントを考えれば次式が成り立つ（反時計回りを正とする）。

$$-Ph_C = -P_1 h_{C1} + P_2 h_{C2}$$

ここで，h_{C1}，h_{C2} は以下のようになる。

$$h_{C1} = \frac{1}{3}h_1 = \frac{5}{3} = 1.67 \text{ m}, \qquad h_{C2} = \frac{1}{3}h_2 = \frac{2}{3} = 0.67 \text{ m}$$

よって，作用位置 h_C は次式のように求められる。

$$h_C = \frac{P_1 h_{C1} - P_2 h_{C2}}{P} = \frac{245 \times 1.67 - 39.2 \times 0.67}{205.8} = 1.86 \text{ m}$$

[**2.2**] 貯水池の止水壁に作用する圧力分布は**解図 2.2** に示すようになり，①，②，③の三つの領域に分けて水圧を求める。①，②，③の各領域の水圧 P_1，P_2，P_3 はそれぞれ以下のようにして求められる。

$$\begin{aligned}
P_1 &= \frac{1}{2}\gamma_{oil}\rho_0 g h_1^2 B = \frac{1}{2} \times 0.8 \\
&\quad \times 1\,000 \times 9.8 \times 2^2 \times 5 \\
&= 78\,400 \text{ N} = 78.4 \text{ kN}
\end{aligned}$$

$$\begin{aligned}
P_2 &= \gamma_{oil}\rho_0 g h_1 h_2 B = 0.8 \\
&\quad \times 1\,000 \times 9.8 \times 2 \times 3 \times \\
&= 235\,200 \text{ N} = 235.2 \text{ kN}
\end{aligned}$$

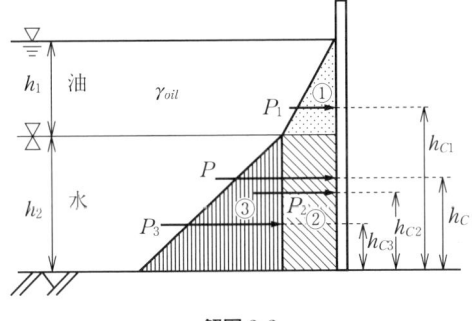

解図 2.2

$$P_3 = \frac{1}{2}\rho_0 g h_2^2 B = \frac{1}{2} \times 1\,000 \times 9.8 \times 3^2 \times 5 = 220\,500 \text{ N} = 220.5 \text{ kN}$$

止水壁に作用する全水圧 P は次式となる。

$$P = P_1 + P_2 + P_3 = 78.4 + 235.2 + 220.5 = 534.1 \text{ kN}$$

全水圧 P の作用位置 h_C を求めるために点 O まわりのモーメントを考えると，次式が成り立つ。

$$Ph_C = P_1 h_{C1} + P_2 h_{C2} + P_3 h_{C3}$$

各水圧の作用位置は以下のようになる。

$$h_{C1} = \frac{1}{3}h_1 + h_2 = \frac{1}{3} \times 2 + 3 = 3.67 \text{ m}, \qquad h_{C2} = \frac{1}{2}h_2 = \frac{1}{2} \times 3 = 1.5 \text{ m},$$

$$h_{C3} = \frac{1}{3}h_2 = \frac{1}{3} \times 3 = 1.0 \text{ m}$$

よって，全水圧 P の作用位置 h_C は次式で求まる。

$$h_C = \frac{P_1 h_{C1} + P_2 h_{C2} + P_3 h_{C3}}{P} = \frac{78.4 \times 3.67 + 235.2 \times 1.5 + 220.5 \times 1.0}{534.1}$$
$$= 1.61 \text{ m}$$

〔2.3〕 ガラスの細管の断面積を A として，水槽内の水銀表面位置における力のつり合いを考える。

$$p_a A = \gamma_{Hg} \rho_0 g h A \quad \Rightarrow \quad p_a = \gamma_{Hg} \rho_0 g h$$

よって，大気圧 p_a は以下のように求まる。

$$p_a = \gamma_{Hg} \rho_0 g h = 13.6 \times 1\,000 \times 9.8 \times 0.76 = 101\,293 \text{ Pa} = 101.3 \text{ kPa}$$

〔2.4〕 断面 C-C′ での力のつり合いを考える。

$$p_A - \rho_0 g h_1 = p_B - \gamma_{Hg} \rho_0 \Delta h - \rho_0 g h_2$$

よって，点 A と点 B の圧力差 $p_A - p_B$ は以下のようにして求められる。

$$p_A - p_B = \rho_0 g h_1 - \gamma_{Hg} \rho_0 \Delta h - \rho_0 g h_2 = \rho_0 g(h_1 - \gamma_{Hg} \Delta h - h_2)$$
$$= 1\,000 \times 9.8 \times (0.3 - 0.88 \times 0.1 - 0.3) = -862.4 \text{ N/m}^2$$

〔2.5〕 中空ケーソンの安定性を式 (2.41) の $\overline{GM} = I_y/V - \overline{CG}$ を用いて調べる。

まず，喫水深 d を求める。中空ケーソンは，比重 $\gamma_C = 2.45$，長さ $L = 10$ m，幅 $B = 5$ m，深さ $D = 3$ m，壁の厚さ $t = 0.3$ m なので，中空ケーソンの重量 W は以下のようになる。

$$W = \gamma_C \rho_0 g \{LBD - (L-2t)(B-2t)(D-t)\}$$
$$= 2.45 \times 1\,000 \times 9.8 \times \{10 \times 5 \times 3 - (10 - 2 \times 0.3) \times (5 - 2 \times 0.3) \times (3 - 0.3)\}$$
$$= 920\,255.28 \text{ N}$$

浮力 B は次式となる。

$$W = \gamma_S \rho_0 g L B d = 1.03 \times 1\,000 \times 9.8 \times 10 \times 5 \times d = 504\,700 \times d \text{ [N]}$$

重量 W と浮力 B がつり合っているので（$W = B$），d は次式で求まる。

$$d = \frac{920\,255.28}{504\,700} = 1.823 \text{ m}$$

つぎに，**解図 2.3** のように中空ケーソンの重心位置を点 G として，中空ケーソンの底に点 O をとると次式が成り立ち，底から重心までの距離 $\overline{OG}$ が求まる。

$$\rho_C g \{LBD - (L-2t)(B-2t)(D-t)\} \times \overline{OG}$$
$$= \rho_C g L B D \frac{D}{2} - \rho_C g (L-2t)(B-2t)(D-t)\left(t + \frac{D-t}{2}\right)$$

$$\overline{OG} = \frac{10 \times 5 \times 3 \times \frac{3}{2} - (10-0.6) \times (5-0.6) \times (3-0.3) \times \left(0.3 + \frac{3-0.3}{2}\right)}{10 \times 5 \times 3 - (10-0.6) \times (5-0.6) \times (3-0.3)}$$
$$= 1.063 \text{ m}$$

また，中空ケーソンの底の点 O から浮心 C までの距離 $\overline{OC}$ は $d/2 = 0.912$ m となる。

演 習 問 題 解 答

よって，浮心 C から重心 G までの距離 $\overline{CG}$ は以下のようになる。

$$\overline{CG} = \overline{OG} - \overline{OC} = 1.063 - 0.912 = 0.151 \text{ m}$$

排除体積は $V = L \times B \times d = 10 \times 5 \times 1.823 = 91.15 \text{ m}^3$ となる。解図 2.3 に示すように，排水断面の断面 2 次モーメントに関しては，y_1 軸まわりと y_2 軸まわりのものが考えられるが，式 (2.41) からわかるように断面 2 次モーメントがより小さい場合に浮体は不安定になりやすくなるため，断面 2 次モーメントが小さい y_1 軸まわりに関してのみ考えればよい。

$$I_y = \frac{L \times B^3}{12} = 104.167 \text{ m}^4$$

最終的に式 (2.41) は次式のようになる。

$$\overline{GM} = \frac{I_y}{V} - \overline{CG} = \frac{104.167}{91.15} - 0.151 = 0.992 \text{ m} > 0$$

$\overline{GM}$ の値が正となるため，中空ケーソンは安定である。

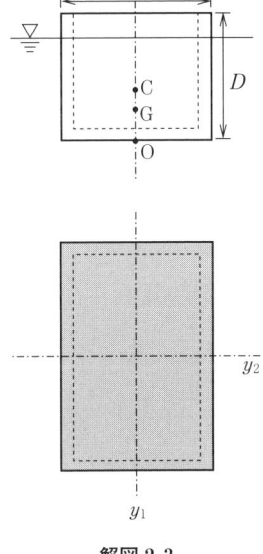

解図 2.3

[2.6] 流れは等流なので図 2.39 の微小領域の水塊に作用する重力と摩擦力はつり合った状態にあり，次式が成り立つ。

$$\rho_0 g \Delta x (h-y) i = \tau \Delta x$$

ここで，$\theta \ll 1$ であり，$i \fallingdotseq \tan\theta \fallingdotseq \sin\theta$ とおいている。上式は単位幅あたりの力のつり合いを考えている。水はニュートン流体であり，せん断応力は $\tau = \mu du/dy$ となるので，上式は

$$\frac{du}{dy} = \frac{\rho_0 g}{\mu}(h-y) i$$

となる。上式を積分すれば

$$u = \frac{\rho_0 g}{\mu}\left(hy - \frac{y^2}{2}\right) i + C$$

となる。ここで C は積分定数である。境界条件は「底面 $y=0$ で流速 $u=0$」となるので，積分定数は $C=0$ となる。よって，流速分布は次式となる。

$$u = \frac{\rho_0 g}{\mu}\left(hy - \frac{y^2}{2}\right) i = -\frac{\rho_0 g}{2\mu}(y-h)^2 i + \frac{\rho_0 g}{2\mu}h^2 i$$

$$= -\frac{\rho_0 g}{2\mu}(y-h)^2 i + u_{\max}$$

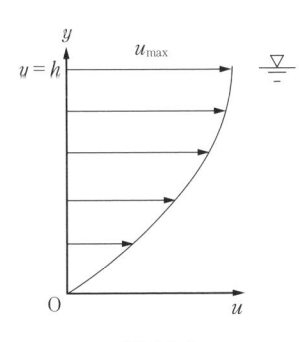

解図 2.4

求められた流速分布を**解図 2.4** に示す。また，流速

勾配は次式となり，水表面 ($y=h$) では流速勾配が 0，せん断応力 τ が 0 となることがわかる．

$$\frac{du}{dy}=\frac{\rho_0 g}{2\mu}(h-y)i$$

〔2.7〕 解図 2.5 の破線に示すような検査領域での運動量の定理を考える．

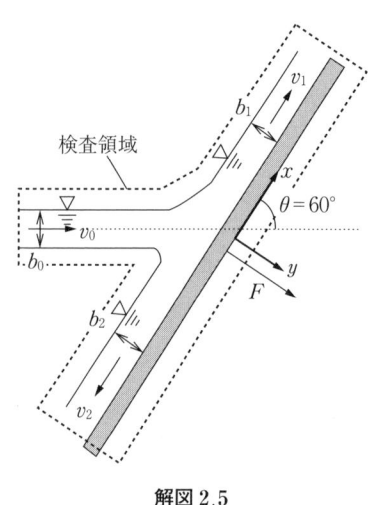

x 方向： $\rho_0 Q_1 v_1 - \rho_0 Q_2 v_2 - \rho_0 Q_0 v_0 \cos\theta = 0$ (1)

y 方向： $0 - \rho_0 Q_0 v_0 \sin\theta = -F$ (2)

また，ベルヌーイの定理より

$$\frac{v_0^2}{2g}+\frac{p_0}{\rho_0 g}=\frac{v_1^2}{2g}+\frac{p_1}{\rho_0 g}=\frac{v_2^2}{2g}+\frac{p_3}{\rho_0 g}$$ (3)

となる．ここですべての領域において水流は大気に触れており，圧力は $p_0=p_1=p_2=0$ であるため，式 (3) は $v_0=v_1=v_2$ となる．よって，式 (1) から

$$b_1 - b_2 - b_0 \cos\theta = 0$$ (4)

となる．さらに，単位奥行きあたりの連続式より

$$b_0 v_0 = b_1 v_1 + b_2 v_2 \quad \Rightarrow \quad b_0 = b_1 + b_2$$ (5)

が求まる．式 (4)，(5) より，b_1, b_2 が次式のように求まる．

$$b_1 = \frac{b_0}{2}(1+\cos\theta)=\frac{0.2}{2}(1+\cos 60°)=0.15 \text{ m}$$

$$b_2 = \frac{b_0}{2}(1-\cos\theta)=\frac{0.2}{2}(1-\cos 60°)=0.05 \text{ m}$$

平板に作用する力 F は式 (2) より

$$F=\rho_0 Q_0 v_0 \sin\theta = 1\,000\times 0.2 \times 10 \times \sin 60° = 1\,732 \text{ N} = 1.732 \text{ kN}$$

となる．

解図 2.5

---

3 章

〔3.1〕 管が水平に設置 ($z_A=z_B$) されているため，点 A での平均流速は式 (3.53) より

演 習 問 題 解 答

$$v_A = \sqrt{\frac{2g\left(\dfrac{p_A}{\rho_0 g} - \dfrac{p_B}{\rho_0 g}\right)}{\left(\dfrac{D_A}{D_B}\right)^4 - 1}}$$

となる．点 A と点 B の圧力水頭差は，水銀柱を用いた差圧計で次式のように求まる．

$$\frac{p_A}{\rho_0 g} - \frac{p_B}{\rho_0 g} = (\gamma_{Hg} - 1)\Delta h = (13.6 - 1) \times 0.05 = 0.63 \text{ m}$$

点 A での平均流速は以下のように求まる．

$$v_A = \sqrt{\frac{2 \times 9.8 \times 0.63}{\left(\dfrac{0.3}{0.1}\right)^4 - 1}} = 0.393 \text{ m/s}$$

よって，管内の流量は

$$Q = A_A v_A = \frac{\pi \times 0.3^2}{4} \times 0.393 = 0.0278 \text{ m}^3/\text{s}$$

〔**3.2**〕 貯水池 A の水面位置と貯水池 B の水面位置の間でベルヌーイの定理を適用する．

$$z_A - z_B + h_e + h_{l1} + h_b + h_{l2} + h_b + h_{l3} + h_{se} + h_{l4} + h_o$$

$$H = (z_A - z_B) = f_e \frac{v_1^2}{2g} + f\frac{l_1}{D_1}\frac{v_1^2}{2g} + f_b \frac{v_1^2}{2g} + f\frac{l_2}{D_2}\frac{v_2^2}{2g} + f_b \frac{v_2^2}{2g} + f\frac{l_3}{D_3}\frac{v_3^2}{2g}$$

$$+ f_{se}\frac{v_3^2}{2g} + f\frac{l_4}{D_4}\frac{v_4^2}{2g} + f_o \frac{v_4^2}{2g} \tag{1}$$

管径は $D_1 = D_2 = D_3$ なので，連続の式より $v_1 = v_2 = v_3$ となる．また，連続の式より v_1 と v_4 は次式のような関係になる．

$$\frac{\pi D_1^2}{4} v_1 = \frac{\pi D_4^2}{4} v_4 \quad \Rightarrow \quad v_4 = \left(\frac{D_1}{D_4}\right)^2 v_1$$

よって，式 (1) は次式のように整理できる．

$$H = \left\{f_e + 2f_b + f_{se} + f\frac{l_1 + l_2 + l_3}{D_1} + \left(\frac{D_1}{D_4}\right)^4 \left(f\frac{l_4}{D_4} + f_o\right)\right\}\frac{v_1^2}{2g}$$

ここで，急拡損失係数 f_{se} は式 (3.26′) より求められる．

$$f_{se} = \left\{1 - \left(\frac{D_1}{D_4}\right)^2\right\}^2 = \left\{1 - \left(\frac{0.5}{0.8}\right)^2\right\}^2 = 0.371$$

よって，管内流速 v_1 は式 (1) より

$$v_1 = \sqrt{\frac{2gH}{f_e + 2f_b + f_{se} + f\dfrac{l_1+l_2+l_3}{D_1} + \left(\dfrac{D_1}{D_2}\right)^4 \left(f\dfrac{l_4}{D_4} + f_o\right)}}$$

$$= \sqrt{\frac{2 \times 9.8 \times 15}{0.5 + 2 \times 0.5 + 0.371 + 0.02 \times \dfrac{200+10+150}{0.5} + \left(\dfrac{0.5}{0.8}\right)^4 \times \left(0.02 \times \dfrac{200}{0.8} + 1.0\right)}}$$

$= 4.146 \, \text{m/s}$

となる。求める流量 Q は

$$Q = \frac{\pi D_1^2}{4} v_1 = \frac{3.14 \times 0.5^2}{4} \times 4.146 = 0.814 \, \text{m}^3/\text{s}$$

〔3.3〕貯水池Aの水面位置と点Bの間でベルヌーイの定理を適用する。

$$z_A = \frac{v_B^2}{2g} + z_B + h_e + h_{l1} + h_b + h_{l2} = \frac{v_B^2}{2g} + z_B + f_e \frac{v_1^2}{2g} + f\frac{l_1}{D}\frac{v_1^2}{2g} + f_b \frac{v_1^2}{2g} + f\frac{l_2}{D}\frac{v_2^2}{2g}$$

ここで，管径 D は一定なので $v_1 = v_2 = v_B$ となり，上式は

$$H_B = z_A - z_B = \left(1 + f_e + f_b + f\frac{l_1+l_2}{D}\right)\frac{v_1^2}{2g}$$

となる。もし，サイフォンが成立すると仮定した場合の管内流速 v_1 は次式のように求めることができる。

$$v_1 = \sqrt{\frac{2gH_B}{1 + f_e + f_b + f\dfrac{l_1+l_2}{D}}} = \sqrt{\frac{2 \times 9.8 \times 15}{1 + 0.5 + 0.3 + 0.02 \times \dfrac{10+20}{0.2}}} = 7.826 \, \text{m/s}$$

上記の流速 v_1 で流れていると仮定して，最も圧力が低下する点C直後の圧力水頭を求めるために，貯水池Aの水面位置と点C直後でベルヌーイの定理を適用する。

$$z_A = \frac{v_C^2}{2g} + z_C + \frac{p_C}{\rho g} + h_e + h_{l1} + h_b = z_C + \frac{p_C}{\rho g} + \left(1 + f_e + f_b + f\frac{l_1}{D}\right)\frac{v_C^2}{2g}$$

$$\frac{p_C}{\rho g} = -H_C - \left(1 + f_e + f_b + f\frac{l_1}{D}\right)\frac{v_C^2}{2g}$$

$$= -2 - \left(1 + 0.5 + 0.3 + 0.02 \times \frac{10}{0.5}\right) \times \frac{7.826^2}{2 \times 9.8} = -10.749 \, \text{m} < -8 \, \text{m}$$

点Cの圧力水頭がサイフォンの成立条件 $p_C \geq -8\,\text{m}$ を満足しないため，このサイフォンは機能しない。

〔3.4〕三つに分岐した各管の摩擦損失水頭は以下のようになる。

$$\left.\begin{array}{l}h_{l1}=f_1\dfrac{l_1}{D_1}\dfrac{v_1^2}{2g}=\dfrac{8f_1}{\pi^2 g}\dfrac{l_1}{D_1^5}Q_1^2, \qquad h_{l2}=f_2\dfrac{l_2}{D_2}\dfrac{v_2^2}{2g}=\dfrac{8f_2}{\pi^2 g}\dfrac{l_2}{D_2^5}Q_2^2 \\ h_{l3}=f_3\dfrac{l_3}{D_3}\dfrac{v_3^2}{2g}=\dfrac{8f_3}{\pi^2 g}\dfrac{l_3}{D_3^5}Q_3^2 \end{array}\right\} \qquad (1)$$

分岐した管はまた合流するため,$h_{l1}=h_{l2}=h_{l3}$ の条件を満たさなければならない。よって式 (1) より次式が求まる。

$$Q_2=\sqrt{\dfrac{f_1}{f_2}\dfrac{l_1}{l_2}\left(\dfrac{D_2}{D_1}\right)^5}Q_1, \qquad Q_3=\sqrt{\dfrac{f_1}{f_3}\dfrac{l_1}{l_3}\left(\dfrac{D_3}{D_1}\right)^5}Q_1 \qquad (2)$$

また,連続の式より $Q=Q_1+Q_2+Q_3$ となるため,式 (2) より

$$Q=Q_1+Q_2+Q_3=Q_1+\sqrt{\dfrac{f_1}{f_2}\dfrac{l_1}{l_2}\left(\dfrac{D_2}{D_1}\right)^5}Q_1+\sqrt{\dfrac{f_1}{f_3}\dfrac{l_1}{l_3}\left(\dfrac{D_3}{D_1}\right)^5}Q_1$$

$$=\left\{1+\sqrt{\dfrac{f_1}{f_2}\dfrac{l_1}{l_2}\left(\dfrac{D_2}{D_1}\right)^5}+\sqrt{\dfrac{f_1}{f_3}\dfrac{l_1}{l_3}\left(\dfrac{D_3}{D_1}\right)^5}\right\}Q_1$$

となる。よって,求める流量比 Q_1/Q は次式で求まる。

$$\dfrac{Q_1}{Q}=\dfrac{1}{1+\sqrt{\dfrac{f_1}{f_2}\dfrac{l_1}{l_2}\left(\dfrac{D_2}{D_1}\right)^5}+\sqrt{\dfrac{f_1}{f_3}\dfrac{l_1}{l_3}\left(\dfrac{D_3}{D_1}\right)^5}}$$

$$=\dfrac{1}{1+\sqrt{\dfrac{200}{100}\left(\dfrac{0.5}{0.2}\right)^5}+\sqrt{\dfrac{200}{200}\left(\dfrac{0.5}{0.2}\right)^5}}=0.040$$

ここで,摩擦損失係数は $f_1=f_2=f_3$ である。

同様に式 (2) から Q_2/Q,Q_3/Q を求めると,以下のようになる。

$$\dfrac{Q_2}{Q}=\dfrac{1}{\sqrt{\dfrac{f_2}{f_1}\dfrac{l_2}{l_1}\left(\dfrac{D_1}{D_2}\right)^5}+1+\sqrt{\dfrac{f_2}{f_3}\dfrac{l_2}{l_3}\left(\dfrac{D_3}{D_2}\right)^5}}$$

$$=\dfrac{1}{\sqrt{\dfrac{100}{200}\left(\dfrac{0.2}{0.5}\right)^5}+1+\sqrt{\dfrac{100}{200}\left(\dfrac{0.5}{0.5}\right)^5}}=0.562$$

$$\dfrac{Q_3}{Q}=\dfrac{1}{\sqrt{\dfrac{f_3}{f_1}\dfrac{l_3}{l_1}\left(\dfrac{D_1}{D_3}\right)^5}+\sqrt{\dfrac{f_3}{f_2}\dfrac{l_3}{l_2}\left(\dfrac{D_2}{D_3}\right)^5}+1}$$

$$=\dfrac{1}{\sqrt{\dfrac{200}{200}\left(\dfrac{0.2}{0.5}\right)^5}+\sqrt{\dfrac{200}{100}\left(\dfrac{0.5}{0.5}\right)^5}+1}=0.398$$

〔3.5〕 **解図3.1**に示すような各管路に番号をつけ，二つの閉回路I，IIを考える。まず，各管路の損失係数を求める。管路iの損失係数r_iは式（3.64）より

$$r_i = f_i \frac{8l_i}{g\pi D_i^5} = 0.02 \times \frac{8}{9.8 \times 3.14 \times 0.5^5} \times l_i = 0.1664 \times l_i$$

となる。よって，各管路の摩擦損失係数r_iは**解表3.1**のようになる。

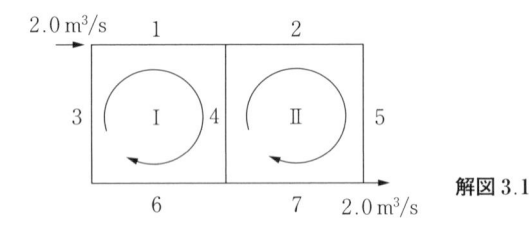

解図3.1

解表3.1 各管路の損失係数

管路番号 i	1	2	3	4	5	6	7
l_i 〔m〕	1 000	700	300	400	300	800	1 000
r_i 〔m^{-5}·s^2〕	166.4	116.48	49.92	66.56	49.92	133.1	166.4

つぎに，各管路の流量の初期値を**解表3.2**のように仮定して計算を始める。閉回路Iの閉合誤差が0.06 m，閉回路IIの閉合誤差が0.05 mとなり，閉合誤差基準の2 m以下を満足している。各管路の流量は**解表3.3**のようになる。

解表3.2 計算結果

(a) 繰返し1回目

閉回路	管路番号	仮定流量 Q_i〔m^3/s〕	$r_i Q_i\|Q_i\|$ 〔m〕	$2r_i\|Q_i\|$ 〔m^{-2}·s〕	補正流量 ΔQ 〔m^3/s〕	$Q_i + \Delta Q$ 〔m^3/s〕	隣接閉回路補正 〔m^3/s〕
I	1	1.0	166.40	332.80	0.043	1.043	
	4	−0.5	−16.64	66.56		0.021	0.477
	6	−1.0	−133.10	266.20		−0.957	
	3	−1.0	−49.92	99.84		−0.957	
	計		−33.26	765.40			
II	2	1.5	262.08	349.44	−0.477	1.023	
	5	1.5	112.32	149.76		1.023	
	7	−0.5	−41.60	166.40		−0.977	
	4	0.5	16.64	66.56		−0.021	−0.043
	計		349.44	732.16			

演 習 問 題 解 答

解表 3.2 (続き)

(b) 繰返し2回目

閉回路	管路番号	仮定流量 Q_i [m³/s]	$r_i Q_i \lvert Q_i \rvert$ [m]	$2r_i \lvert Q_i \rvert$ [m⁻²·s]	補正流量 ΔQ [m³/s]	$Q_i + \Delta Q$ [m³/s]	隣接閉回路補正 [m³/s]
I	1	1.043	181.18	347.26		1.024	
	4	0.021	0.03	2.76		0.024	0.023
	6	−0.957	−121.78	254.63	−0.020	−0.976	
	3	−0.957	−45.68	95.50		−0.976	
	計		13.74	700.15			
II	2	1.023	121.83	238.25		1.000	
	5	1.023	52.21	102.11		1.000	
	7	−0.977	−158.92	325.24	−0.023	−1.000	
	4	−0.021	−0.03	2.76		−0.024	0.020
	計		15.10	668.36			

(c) 繰返し3回目

閉回路	管路番号	仮定流量 Q_i [m³/s]	$r_i Q_i \lvert Q_i \rvert$ [m]	$2r_i \lvert Q_i \rvert$ [m⁻²·s]	補正流量 ΔQ [m³/s]	$Q_i + \Delta Q$ [m³/s]	隣接閉回路補正 [m³/s]
I	1	1.024	174.42	340.73		1.024	
	4	0.024	0.04	3.15		0.024	0.0001
	6	−0.976	−126.83	259.86	−0.0001	−0.976	
	3	−0.976	−47.57	97.46		−0.976	
	計		0.06	701.20			
II	2	1.000	116.51	232.99		1.000	
	5	1.000	49.93	99.85		1.000	
	7	−1.000	−166.35	332.75	−0.0001	−1.000	
	4	−0.024	−0.04	3.15		−0.024	0.0001
	計		0.05	668.75			

解表 3.3 各管路の流量

管路番号 i	1	2	3	4	5	6	7
流量 [m³/s]	1.024	1.000	−0.976	0.024	1.000	−0.976	−1.000

4章

[**4.1**] 長方形断面水路における限界水深 h_C は、式 (4.7) より以下のようにして求められる。

$$h_C = \sqrt[3]{\frac{Q^2}{gB^2}} = \sqrt[3]{\frac{20^2}{9.8 \times 10^2}} = 0.742 \text{ m}$$

また、等流水深 h_0 はマニングの式を用いると、式 (4.25) より

$$h_0 = \left(\frac{n^2 Q^2}{B^2 i}\right)^{\frac{3}{10}} = \left(\frac{0.014^2 \times 20^2}{10^2 \times \frac{1}{1000}}\right)^{\frac{3}{10}} = 0.930 \text{ m}$$

となる。このときの限界勾配 i_C は、式 (4.27) より以下のようになる。

$$i_C = \frac{n^2 g}{h_C^{\frac{1}{3}}} = \frac{0.014^2 \times 9.8}{0.742^{\frac{1}{3}}} = 0.00212$$

[**4.2**] 一般断面の限界流の条件式である式 (4.10) より、限界流速は $v_C = \sqrt{g\overline{H}_C}$ となる。三角形断面の場合の断面平均水深 $\overline{H}_C$ は以下のようになる。

$$\overline{H}_C = \frac{A}{B} = \frac{h_C^2 \tan\frac{\theta}{2}}{2 h_C \tan\frac{\theta}{2}} = \frac{h_C}{2} = 1.5 \text{ m}$$

よって、流量 Q は以下のようにして求められる。

$$Q = A v_C = h_C^2 \tan\frac{\theta}{2} \cdot \sqrt{g\overline{H}_C} = 3^2 \times \tan\frac{60°}{2} \times \sqrt{9.8 \times 1.5} = 19.92 \text{ m}^3/\text{s}$$

[**4.3**] 跳水前の水深 h_1 は $Q = A_1 v_1 = B h_1 v_1$ より、$h_1 = Q/(Bv_1) = 10/(2 \times 5) = 1$ m となる。よって、跳水前のフルード数 Fr_1 は

$$Fr_1 = \frac{v_1}{\sqrt{gh_1}} = \frac{5}{\sqrt{9.8 \times 1}} = 1.597$$

式 (4.13)(跳水の条件式) より、跳水後の水深 h_2 は以下のように求められる。

$$h_2 = \frac{h_1}{2}\left(-1 + \sqrt{1 + 8Fr_1^2}\right) = \frac{1}{2}\left(-1 + \sqrt{1 + 8 \times 1.597^2}\right) = 1.813 \text{ m}$$

また、跳水後の流速 v_2 およびフルード数 Fr_2 は次式のようになる。

$$v_2 = \frac{Q}{Bh_2} = \frac{10}{2 \times 1.813} = 2.758 \text{ m/s}, \quad Fr_2 = \frac{v_2}{\sqrt{gh_2}} = \frac{2.758}{\sqrt{9.8 \times 1.813}} = 0.654$$

跳水によるエネルギー損失水頭 ΔE は、式 (4.16) より

$$\Delta E = \frac{(h_2 - h_1)^3}{4 h_1 h_2} = \frac{(1.813 - 1.0)^3}{4 \times 1.0 \times 1.813} = 0.074 \text{ m}$$

〔**4.4**〕 断面Ⅰの水深 h_1, 流速 v_1, 流量 Q を求める。点Oと断面Ⅰで次式が成り立つ。

$$\frac{v_O^2}{2g}+z_O+h_O=\frac{v_1^2}{2g}+z_1+h_1$$

貯水池の水深が断面Ⅰの水深よりも十分に深い場合（$h_O \gg h_1$），点Oでの流速 v_O は0とみなすことができる。よって，上式は

$$\frac{v_1^2}{2g}+h_1=(z_O+h_O)-z_1=H$$

となる。また，断面Ⅰでは限界流が生じるために $Fr_1=1$ となって $v_1=\sqrt{gh_1}$ が成り立ち，上式から水深 h_1 が以下のように求められる。

$$\frac{3}{2}h_1=H \quad \Rightarrow \quad h_1=\frac{2}{3}H=\frac{2}{3}\times 5=3.333 \text{ m}$$

よって，流速 v_1 および流量 Q は

$$v_1=\sqrt{gh_1}=\sqrt{9.8\times 3.333}=5.715 \text{ m/s}$$

$$Q=A_1 v_1=Bh_1 v_1=2\times 3.333\times 5.715=38.096 \text{ m}^3/\text{s}$$

となる。

つぎに，断面Ⅱにおける水深 h_2 および流速 v_2 を求める。摩擦損失を無視すると，断面Ⅰと断面Ⅱの間で次式が成り立つ。

$$E_{T1}\left(=\frac{v_1^2}{2g}+z_1+h_1\right)=\frac{v_2^2}{2g}+z_2+h_2$$

ここで，E_{T1} は断面Ⅰでの全水頭で，既知である。また，連続の式より断面Ⅱの水深は $h_2=Q/Bv_2$ となり，上式は以下に示すような未知数 v_2 に関する3次方程式となる。

$$v_2^3-2g(E_{T1}-z_2)v_2+2g\frac{Q}{B}=0 \quad \Rightarrow \quad f(v_2)=v_2^3-254.8\times v_2+373.341=0$$

上式を解析的に解くことはできないので，ニュートン法により v_2 の近似解を求める。断面Ⅱにおいては $h_2 \ll v_2^2/2g$ となるので，第1次近似解 $^1\bar{v}_2$ を以下のようにおく。

$$^1\bar{v}_2=\sqrt{2g(E_{T1}-z_2)}=\sqrt{2\times 9.8\times 13}=15.962 \text{ m/s}$$

ニュートン法により第2次近似解を求める。

$$^2\bar{v}_2={}^1\bar{v}_2-\frac{f({}^1\bar{v}_2)}{f'({}^1\bar{v}_2)}$$

$$=15.962-\frac{15.962^3-254.8\times 15.962+373.341}{3\times 15.962^2-254.8}=15.230 \text{ m/s}$$

同様に繰り返し計算を続ける。

$$^3\bar{v}_2 = {}^2\bar{v}_2 - \frac{f\left({}^2\bar{v}_2\right)}{f'\left({}^2\bar{v}_2\right)}$$

$$= 15.230 - \frac{15.230^3 - 254.8 \times 15.230 + 373.341}{3 \times 15.230^2 - 254.8} = 15.172 \text{ m/s}$$

$$^4\bar{v}_2 = {}^3\bar{v}_2 - \frac{f\left({}^3\bar{v}_2\right)}{f'\left({}^3\bar{v}_2\right)}$$

$$= 15.172 - \frac{15.172^3 - 254.8 \times 15.172 + 373.341}{3 \times 15.172^2 - 254.8} = 15.172 \text{ m/s}$$

第4次近似で解は十分に収束しており，断面Ⅱの流速は $v_2 = 15.172 \text{ m/s}$ となる．また，水深 h_2 および断面Ⅱでのフルード数 Fr_2 は以下のようになる．

$$h_2 = \frac{Q}{Bv_2} = \frac{38.096}{2 \times 15.172} = 1.255 \text{ m}, \quad Fr_2 = \frac{v_2}{\sqrt{gh_2}} = \frac{15.172}{\sqrt{9.8 \times 1.255}} = 4.326$$

最後に断面Ⅲの流速 v_3，水深 h_3 を求める．断面Ⅱから断面Ⅲへは跳水によって遷移する．跳水の条件式 (4.13) より，h_3 は以下のように求まる．

$$h_3 = \frac{h_2}{2}\left(-1 + \sqrt{1 + 8Fr_2^2}\right) = \frac{1.255}{2} \times \left(-1 + \sqrt{1 + 8 \times 4.326^2}\right) = 7.076 \text{ m}$$

よって，流速 v_3 は

$$v_3 = \frac{Q}{Bh_3} = \frac{38.096}{2 \times 7.076} = 2.692 \text{ m/s}$$

断面Ⅲのフルード数は

$$Fr_3 = \frac{v_3}{\sqrt{gh_3}} = \frac{2.692}{\sqrt{9.8 \times 7.076}} = 0.323$$

〔**4.5**〕開水路の断面を**解図 4.1** のように①，②，③の三つに分割して考え，それぞれの断面を流れる流量 Q_1，Q_2，Q_3 を求める．

まず，①，②，③の各断面の断面積 A_1，A_2，A_3 を求める．

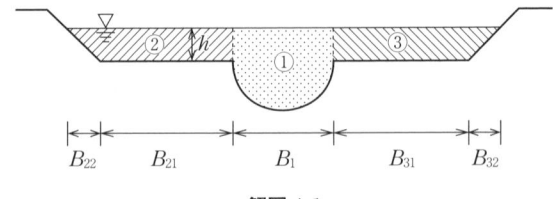

解図 4.1

$$A_1 = \frac{1}{2}\frac{\pi B_1^2}{4} + hB_1 = \frac{1}{2} \times \frac{3.14 \times 5^2}{4} + 2.5 \times 5 = 22.313 \text{ m}^2$$

$$A_2 = hB_{21} + \frac{1}{2}hB_{22} = 2.5 \times 20 + \frac{1}{2} \times 2.5 \times 2.5 = 53.125 \text{ m}^2$$

$$A_3 = hB_{31} + \frac{1}{2}hB_{32} = 2.5 \times 15 + \frac{1}{2} \times 2.5 \times 2.5 = 40.625 \text{ m}^2$$

また,①,②,③の各断面の径深を求めるために各潤辺長 S_1, S_2, S_3 を求める.

$$S_1 = \frac{\pi B_1}{2} = \frac{3.14 \times 5}{2} = 7.85 \text{ m}$$

$$S_2 = B_{21} + \sqrt{B_{22}^2 + h^2} = 20 + \sqrt{2.5^2 + 2.5^2} = 23.536 \text{ m}$$

$$S_3 = B_{31} + \sqrt{B_{32}^2 + h^2} = 15 + \sqrt{2.5^2 + 2.5^2} = 18.536 \text{ m}$$

よって,①,②,③の各断面の径深 R_1, R_2, R_3 は以下のようになる.

$$R_1 = \frac{A_1}{S_1} = \frac{22.313}{7.85} = 2.842 \text{ m}, \quad R_2 = \frac{A_2}{S_2} = \frac{53.125}{23.536} = 2.257 \text{ m},$$

$$R_3 = \frac{A_3}{S_3} = \frac{40.625}{18.536} = 2.192 \text{ m}$$

各断面の流量は,マニングの式を用いて以下のように求まる.

$$Q_1 = A_1 v_1 = A_1 \frac{1}{n_1} R_1^{\frac{2}{3}} i^{\frac{1}{2}} = 22.313 \times \frac{1}{0.02} \times 2.842^{\frac{2}{3}} \times \left(\frac{1}{1\,000}\right)^{\frac{1}{2}} = 70.785 \text{ m}^3/\text{s}$$

$$Q_2 = A_2 v_2 = A_2 \frac{1}{n_2} R_2^{\frac{2}{3}} i^{\frac{1}{2}} = 53.125 \times \frac{1}{0.05} \times 2.257^{\frac{2}{3}} \times \left(\frac{1}{1\,000}\right)^{\frac{1}{2}} = 57.812 \text{ m}^3/\text{s}$$

$$Q_3 = A_3 v_3 = A_3 \frac{1}{n_3} R_3^{\frac{2}{3}} i^{\frac{1}{2}} = 40.625 \times \frac{1}{0.05} \times 2.192^{\frac{2}{3}} \times \left(\frac{1}{1\,000}\right)^{\frac{1}{2}} = 43.356 \text{ m}^3/\text{s}$$

よって,全流量 Q は以下のようになる.

$$Q = Q_1 + Q_2 + Q_3 = 70.785 + 57.812 + 43.356 = 171.953 \text{ m}^3/\text{s}$$

〔4.6〕 水面形の概略を**解図 4.2** に示す.まず,緩勾配部のゲートより上流の区間 AB は等流水深が限界水深よりも上にあるので,流れは常流で上流に向かって等流水深に漸近していく.ゲートで水はせき止められ,水面位置が等流水深 h_0 より上方になる.この水深を境界条件として上流に向かって水面形を計算する.等流水深より上方に現れる曲線 M_1 となる.

ゲートより下流の区間 BC では,ゲート開口部が限界水深よりも低い位置にあるのでゲートから射流として流れ出て曲線 M_3 となり,ゲートから下流に向かって水面形を計算していく.緩勾配なので射流から常流に遷移するために跳水が生じる.跳水発生後は等流水深となるが C 地点で常流から射流に遷移するために曲線 M_2 となり,

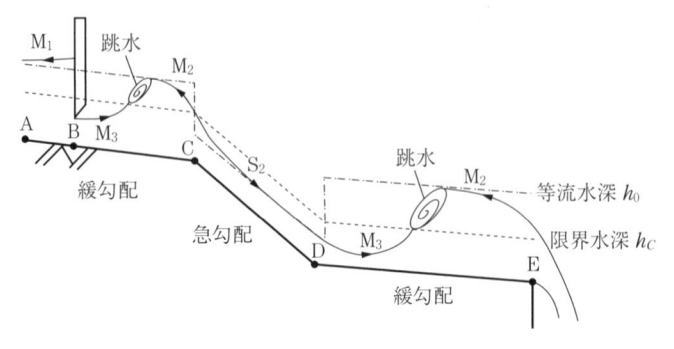

解図 4.2

C 地点の限界水深から上流に向かって水面形を計算する。

急勾配である区間 CD では射流となり，C 地点での限界水深を境界条件として下流に向かって水面形を計算していく。下流に向かって等流水深 h_0 に漸近する曲線 S_2 となる。

区間 DE は緩勾配であり，まず射流となり D 地点での水深を境界条件として下流に向かって水面形を計算する曲線 M_3 となる。射流から常流に遷移するため，跳水を発生する。跳水後は等流水深になるが，E 地点では限界水深となる。E 地点から上流に向かって水面形状を計算する曲線 M_2 となる。

〔4.7〕 解 解図 4.3 に示すように，時刻 t のときの水槽 I の水面位置を h_1，水槽 II の水面位置を h_2 とし（h_1, h_2 は上向きを正とする），その水位差を $h = h_1 - h_2$ とする。時間 dt 間に水槽 I の水面が dh_1 低下して水槽 II の水面が dh_2 上昇したとすると，h の時間的変化は

$$\frac{dh}{dt} = \frac{dh_1}{dt} - \frac{dh_2}{dt} \tag{1}$$

となる。

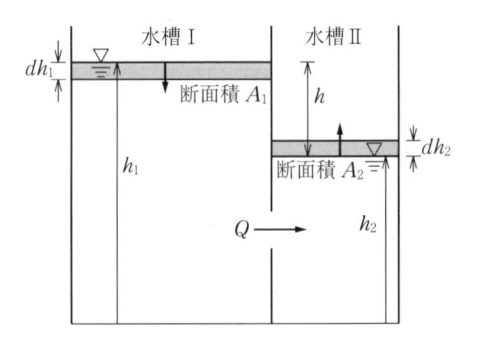

解図 4.3

また，水面変化に伴う体積変化は時間 dt にオリフィスを通した流量による体積移動に対応している。よって，次式が成り立つ。

$$Q = -A_1 \frac{dh_1}{dt} = A_2 \frac{dh_2}{dt} \tag{2}$$

流量 Q はオリフィスの公式より $Q = Ca\sqrt{2gh}$ となるので，式 (2) より

$$\frac{dh_1}{dt} = -\frac{Q}{A_1} = -C\frac{a}{A_1}\sqrt{2gh}, \qquad \frac{dh_2}{dt} = \frac{Q}{A_2} = C\frac{a}{A_2}\sqrt{2gh} \tag{3}$$

となる。ここで C は流量係数である。式 (3) を式 (1) に代入すると

$$\frac{dh}{dt} = -Ca\left(\frac{1}{A_1}+\frac{1}{A_2}\right)\sqrt{2gh} = -Ca\frac{A_1+A_2}{A_1 A_2}\sqrt{2gh}$$

となる。上式を境界条件「$t=0$ で $h=H$，$t=T$ で $h=0$」の下で積分する。

$$\int_H^0 \frac{dh}{\sqrt{h}} = -Ca\frac{A_1+A_2}{A_1 A_2}\sqrt{2g}\int_0^T dt, \qquad \left[2\sqrt{h}\right]_H^0 = -Ca\frac{A_1+A_2}{A_1 A_2}\sqrt{2g}\left[t\right]_0^T$$

水槽ⅠとⅡの水面位置が同じになるまでの時間 T は以下のようになる。

$$T = \frac{2}{Ca\sqrt{2g}}\frac{A_1 A_2}{A_1+A_2}\sqrt{H}$$

5章

〔**5.1**〕 振り子の周期 T_0 は糸の長さ l，錘の質量 m，重力加速度 g の関数となり，以下のような関数 f で表される。

$$T_0 = f(l, m, g)$$

レイリーの方法により関数形を求める。まず，次式のような関数形を仮定する。

$$T_0 = k\, l^x\, m^y\, g^z$$

ここで，k は無次元係数である。上式の次元方程式を考える。

$$[\mathrm{T}] = [\mathrm{L}]^x [\mathrm{M}]^y [\mathrm{LT}^{-2}]^z$$

L, M, T に関する指数関係を調べる。

L： $0 = x + 0 + 2z$
M： $0 = 0 + y + 0$
T： $1 = -2z$

上式より各指数は $x=1/2$，$y=0$，$z=-1/2$ となり，関数関係は以下のようになる。

$$T_0 = k\sqrt{\frac{l}{g}}\,\theta^\alpha$$

〔**5.2**〕 一様流中に置かれた円柱に作用する単位長さあたりの力 F〔N/m〕は，一様流速 U，流体の密度 ρ，流体の粘性 μ，円柱の直径 d によって決まるため，以下のように表される。

$$F = f(U, \rho, \mu, d)$$

バッキンガムのπ定理によって関数関係を求める。いま，物理量の個数が$n=5$，基本物理量の個数が$m=3$なので，無次元物理量の個数は$n-m=2$となる。代表量としてU，ρ，dを選ぶと，無次元物理量π_1，π_2は以下のように表される。

$$\pi_1 = U^{x_1} \rho^{y_1} d^{z_1} F$$
$$\pi_2 = U^{x_2} \rho^{y_2} d^{z_2} \mu$$

[π_1の次元方程式]

$$0 = [\text{L T}^{-1}]^{x_1} [\text{M L}^{-3}]^{y_1} [\text{L}]^{z_1} [\text{M T}^{-2}]$$

$$\left. \begin{array}{ll} \text{L}: & 0 = x_1 - 3y_1 + z_1 \\ \text{M}: & 0 = y_1 + 1 \\ \text{T}: & 0 = -x_1 - 2 \end{array} \right\} \Rightarrow \left\{ \begin{array}{l} x_1 = -2 \\ y_1 = -1 \\ z_1 = -1 \end{array} \right.$$

よって，$\pi_1 = F/(\rho U^2 d)$となる。

[π_2の次元方程式]

$$0 = [\text{L T}^{-1}]^{x_2} [\text{M L}^{-3}]^{y_2} [\text{L}]^{z_2} [\text{M L}^{-1} \text{T}^{-1}]$$

$$\left. \begin{array}{ll} \text{L}: & 0 = x_2 - 3y_2 + z_2 - 1 \\ \text{M}: & 0 = y_2 + 1 \\ \text{T}: & 0 = -x_2 - 1 \end{array} \right\} \Rightarrow \left\{ \begin{array}{l} x_2 = -1 \\ y_2 = -1 \\ z_2 = -1 \end{array} \right.$$

よって，$\pi_2 = \mu/(\rho U d) = Re^{-1}$となり，レイノルズ数の逆数となる。

求める関数形は，無次元関数ϕを用いて次式で表される。

$$\frac{F}{\rho U^2 d} = \phi(Re)$$

〔5.3〕 静止流体中を自由落下する球体粒子の終端速度wは，流体の密度ρ，流体の粘性係数μ，球体粒子の直径d，球体粒子の密度ρ_s，重力加速度gによって決まるため，以下のように表される。

$$w = f(\rho, \mu, d, \rho_s, g)$$

物理量が$n=6$で，基本物理量が$m=3$なので，無次元物理量は$n-m=3$となる。代表量としてw，ρ，dを選ぶと，無次元物理量π_1，π_2，π_3は以下のように表される。

$$\pi_1 = w^{x_1} \rho^{y_1} d^{z_1} \mu, \qquad \pi_2 = w^{x_2} \rho^{y_2} d^{z_2} \rho_s, \qquad \pi_3 = w^{x_3} \rho^{y_3} d^{z_3} g$$

[π_1の次元方程式]

$$0 = [\text{L T}^{-1}]^{x_1} [\text{M L}^{-3}]^{y_1} [\text{L}]^{z_1} [\text{M L}^{-1} \text{T}^{-1}]$$

$$\left. \begin{array}{ll} \text{L}: & 0 = x_1 - 3y_1 + z_1 - 1 \\ \text{M}: & 0 = y_1 + 1 \\ \text{T}: & 0 = -x_1 - 1 \end{array} \right\} \Rightarrow \left\{ \begin{array}{l} x_1 = -1 \\ y_1 = -1 \\ z_1 = -1 \end{array} \right.$$

よって，$\pi_1 = \mu/(\rho w d) = Re^{-1}$となる。

[π_2 の次元方程式]

$$0 = [\mathrm{L\,T}^{-1}]^{x_2}[\mathrm{M\,L}^{-3}]^{y_2}[\mathrm{L}]^{z_2}[\mathrm{M\,L}^{-3}]$$

$$\left.\begin{array}{ll} \mathrm{L}: & 0 = x_2 - 3y_2 + z_2 - 3 \\ \mathrm{M}: & 0 = y_2 + 1 \\ \mathrm{T}: & 0 = -x_2 \end{array}\right\} \quad \Rightarrow \quad \left\{\begin{array}{l} x_2 = 0 \\ y_2 = -1 \\ z_2 = 0 \end{array}\right.$$

よって,$\pi_2 = \rho_s/\rho$ となる。

[π_3 の次元方程式]

$$0 = [\mathrm{L\,T}^{-1}]^{x_3}[\mathrm{M\,L}^{-3}]^{y_3}[\mathrm{L}]^{z_3}[\mathrm{L\,T}^{-2}]$$

$$\left.\begin{array}{ll} \mathrm{L}: & 0 = x_3 - 3y_3 + z_3 + 1 \\ \mathrm{M}: & 0 = y_3 \\ \mathrm{T}: & 0 = -x_3 - 2 \end{array}\right\} \quad \Rightarrow \quad \left\{\begin{array}{l} x_3 = -2 \\ y_3 = 0 \\ z_3 = 1 \end{array}\right.$$

よって,$\pi_3 = gd/w^2$ となる。

求める関数形は無次元関数 ϕ を用いて次式で表される。

$$\frac{w^2}{dg} = \phi\left(Re, \frac{\rho_s}{\rho}\right)$$

[5.4] 模型の諸量に m,実物の諸量に p の添え字をつける。模型の長さスケール L_m,実物の長さスケール L_p より,模型実験の縮尺 λ は $\lambda = L_m/L_p = 1/50$ となる。また,流れは開水路流であるため,流れは重力によって支配されていると考えてよく,次式のようにフルードの相似則が成り立つ必要がある。

$$Fr = \frac{v_m}{\sqrt{gL_m}} = \frac{v_p}{\sqrt{gL_p}} \quad \Rightarrow \quad \frac{v_m}{v_p} = \sqrt{\frac{L_p}{L_m}}\,v_p = \sqrt{\lambda}$$

よって,流量比は

$$\frac{Q_m}{Q_p} = \frac{A_m v_m}{A_p v_p} = \left(\frac{L_m}{L_p}\right)^2 \frac{v_m}{v_p} = \lambda^{\frac{5}{2}}$$

となる。求める模型の流量 Q_m は

$$Q_m = \lambda^{\frac{5}{2}} Q_p = \left(\frac{1}{50}\right)^{\frac{5}{2}} \times 500 = 0.028\,3\ \mathrm{m^3/s}$$

となる。また,圧力比は

$$\frac{p_m}{p_p} = \frac{\rho_m v_m^2}{\rho_p v_p^2} = \frac{\rho_m}{\rho_p}\left(\frac{v_m}{v_p}\right)^2 = \frac{\rho_m}{\rho_p}\lambda$$

となる。実験においても,現地と同じ水を使用するため ($\rho_m/\rho_p = 1$),実験で得られた圧力 p_m から現地の圧力を求めるには,$p_p = p_m/\lambda = 50\,p_m$ にする必要がある。

[5.5] 鉛直方向の縮尺が $\lambda_v = 1/20$,水平方向の縮尺が $\lambda_h = 1/300$ なので,時間縮尺 λ_t は式 (5.31) より

$$\lambda_t = \frac{\lambda_h}{\sqrt{\lambda_v}} = \frac{\dfrac{1}{300}}{\sqrt{\dfrac{1}{20}}} = 0.0149$$

となる。模型実験において洪水流が到達するのに $T_m = 30$ s を要した場合，実際に要する時間 T_p は以下のようになる。

$$\lambda_t = \frac{T_m}{T_p} \quad \Rightarrow \quad T_p = \frac{1}{\lambda_t} T_m = \frac{30}{0.0149} = 2013.4 \text{ s} = 33.56 \text{ 分}$$

索 引

【あ】

圧縮性流体
　compressible fluid　43
圧縮率
　modulus of compressibility　13
圧力水頭
　pressure head　65
アルキメデスの原理
　Archimedes' principle　31

【い】

位置水頭
　potential head　65

【う】

渦度
　vorticity　53
渦動粘性係数
　eddy kinematic viscosity　62
運動学的波動理論
　kinematic wave theory　145
運動量の定理
　momentum theorem　67

【え】

液体の圧縮性
　compressibility of liquid　13
エネルギー線
　energy line　74

【お】

オイラーの運動方程式
　Euler's equations of motion　45
オイラーの記述法
　Eulerian specification of flow field　38
応力テンソル
　stress tensor　15

オリフィス
　orifice　145

【か】

開水路流
　open channel flow　113
緩勾配水路
　mild slope channel　124
完全流体
　perfect fluid　46
管網
　pipe network　104
管路流
　pipe flow　73

【き】

ギブソン
　Gibson　89
キャビテーション現象
　cavitation　98
急勾配水路
　steep slope channel　124
共役
　conjugate　56

【く】

クエットの流れ
　Couette flow　59
クライツ・セドンの法則
　Kleiz-Seddon's law　145

【け】

径深
　hydraulic radius　77
傾心
　metacenter　32
ゲージ圧力
　gauge pressure　19
限界勾配
　critical slope　124

限界流
　critical flow　37
原型
　prototype　165

【こ】

コーシー・リーマン
　Cauchy-Riemann　56
コールブルック
　Colebrook　80

【し】

シェジー
　Chézy　122
次元解析
　dimensional analysis　159
質量
　mass　8
射流
　supercritical flow　37
終端速度
　terminal velocity　169
潤辺長
　wetted perimeter　76
常流
　subcritical flow　37

【す】

水頭
　head　65
水理特性曲線
　flow characteristics　126

【せ】

静圧
　static pressure　67
絶対圧力
　absolute pressure　19
全水頭
　total head　65

索引

【そ】

漸変流 gradually varied flow　131

総圧 total pressure　66
相当粗度 equivalent roughness　80
層流 laminar flow　36
速度水頭 velocity head　65
速度ポテンシャル velocity potential　54

【た】

ダルシー・ワイスバッハ Darcy-Weisbach　77
単位体積重量 specific weight　8
段波 surge, hydraulic bore　140

【ち】

跳水 hydraulic jump　118

【て】

定常流 steady flow　37

【と】

動圧 dynamic pressure　67
動水勾配線 hydraulic grade line　76
動粘性係数 kinematic viscosity　10
等ポテンシャル線 equipotential line　56
等流 uniform flow　37
トリチェリーの定理 Torricelli's theorem　146

【な】

流れ関数 stream function　55
ナップ nappe　151
ナビエ・ストークスの方程式 Navier-Stokes' equation　50

【に】

ニクラーゼ Nikuradse　79
ニュートン流体 Newtonian fluid　9

【ね】

粘性 viscosity　9
粘性係数 coefficient of viscosity　9
粘性底層 viscous sublayer　64
粘性流体 viscous fluid　46

【は】

ハーゲン・ポアズイユの流れ Hagen-Poiseuille flow　59
バッキンガムのπ定理 Buckingham's π theorem　159
ハーディ・クロス Hardy-Cross　105

【ひ】

非圧縮性流体 incompressible fluid　43
ピエゾ水頭 piezometric head　76
比エネルギー specific energy　114
比重 specific gravity　8

歪模型 distorted model　167
非定常流 unsteady flow　37
ピトー管 Pitot tube　66
表面エネルギー surface energy　12
表面自由エネルギー surface free energy　12
表面張力 surface tension　11

【ふ】

不等流 non-uniform flow　37
プラントル・カルマンの対数分布則 Prandtl-Kármán logarithmic distribution of velocity　63
プラントルの混合距離理論 Prandtl's mixing-length theory　63
フルード数 Froude number　37
フルードの相似則 Froude's similarity　165

【へ】

ベスの定理 Böss's theorem　114
ベナコントラクタ vena contracta　146
ベランジェの定理 Belanger's theorem　115
ベルヌーイの定理 Bernoulli's principle　65
ベンチュリーメータ Venturi meter　99, 109

【ま】

摩擦速度 friction velocity　63

マニング
  Manning　　122

【み】

密　度
  density　　8

【も】

模　型
  model　　165

【よ】

よどみ点
  stagnation point　　66

【ら】

ラグランジュの記述法
  Lagrangian specification of flow field　　38
ラプラス方程式
  Laplace equation　　54
乱　流
  turbulent flow　　36

【り】

力学的波動理論
  dynamic wave theory　　145
流　線
  stream line　　54

【れ】

レイノルズ応力
  Reynolds stress　　52
レイノルズ数
  Reynolds number　　36
レイノルズの相似則
  Reynolds' law of similarity　　165
レイノルズ方程式
  Reynolds' equation　　52
レイリーの方法
  Rayleigh's method　　159
連続の式
  equation of continuity　　43

【D】

DNS
  direct numerical simulation　　158

【L】

LES
  large Eddy simulation　　158

【R】

RANS
  Reynolds-averaged Navier-Stokes simulation　　158

── 著 者 略 歴 ──

1986 年	九州工業大学工学部開発土木工学科卒業
1989 年	九州大学大学院博士課程中退（水工土木学専攻）
1989 年	近畿大学助手
1996 年	近畿大学講師
1997 年	博士（工学）（九州大学）
1998 年	米国イリノイ大学客員研究員
2001 年	近畿大学助教授
2010 年	近畿大学教授
	現在に至る

水 理 学
Hydraulics

© Kohsei Takehara 2012

2012 年 10 月 10 日　初版第 1 刷発行
2019 年 8 月 5 日　初版第 3 刷発行

検印省略

著　　者	竹原　幸生（たけはら　こうせい）
発 行 者	株式会社　コロナ社
	代　表　者　牛来真也
印 刷 所	新日本印刷株式会社
製 本 所	有限会社　愛千製本所

112-0011　東京都文京区千石 4-46-10
発 行 所　株式会社　コロナ社
CORONA PUBLISHING CO., LTD.
Tokyo Japan
振替 00140-8-14844・電話(03)3941-3131(代)
ホームページ http://www.coronasha.co.jp

ISBN 978-4-339-05627-3　C3351　Printed in Japan　　　　（高橋）

JCOPY　＜出版者著作権管理機構　委託出版物＞

本書の無断複製は著作権法上での例外を除き禁じられています。複製される場合は，そのつど事前に，出版者著作権管理機構（電話 03-5244-5088，FAX 03-5244-5089，e-mail: info@jcopy.or.jp）の許諾を得てください。

本書のコピー，スキャン，デジタル化等の無断複製・転載は著作権法上での例外を除き禁じられています。購入者以外の第三者による本書の電子データ化及び電子書籍化は，いかなる場合も認めていません。
落丁・乱丁はお取替えいたします。

土木系 大学講義シリーズ

（各巻A5判，欠番は品切です）

■編集委員長　伊藤　學
■編集委員　青木徹彦・今井五郎・内山久雄・西谷隆亘
　　　　　　榛沢芳雄・茂庭竹生・山﨑　淳

配本順			頁	本体
2.（4回）	土木応用数学	北田俊行 著	236	2700円
3.（27回）	測量学	内山久雄 著	206	2700円
4.（21回）	地盤地質学	今井・福江 共著 足立	186	2500円
5.（3回）	構造力学	青木徹彦 著	340	3300円
6.（6回）	水理学	鮏川　登 著	256	2900円
7.（23回）	土質力学	日下部　治 著	280	3300円
8.（19回）	土木材料学（改訂版）	三浦　尚 著	224	2800円
10.	コンクリート構造学	山﨑　淳 著		
11.（28回）	改訂 鋼構造学（増補）	伊藤　學 著	258	3200円
12.	河川工学	西谷隆亘 著		
13.（7回）	海岸工学	服部昌太郎 著	244	2500円
14.（25回）	改訂 上下水道工学	茂庭竹生 著	240	2900円
15.（11回）	地盤工学	海野・垂水 編著	250	2800円
17.（30回）	都市計画（四訂版）	新谷・髙橋 共著 岸井・大沢	196	2600円
18.（24回）	新版 橋梁工学（増補）	泉・近藤 共著	324	3800円
19.	水環境システム	大垣真一郎 他著		
20.（9回）	エネルギー施設工学	狩野・石井 共著	164	1800円
21.（15回）	建設マネジメント	馬場敬三 著	230	2800円
22.（29回）	応用振動学（改訂版）	山田・米田 共著	202	2700円

定価は本体価格＋税です。
定価は変更されることがありますのでご了承下さい。

図書目録進呈◆

土木・環境系コアテキストシリーズ

(各巻A5判)

■編集委員長　日下部 治
■編集委員　　小林 潔司・道奥 康治・山本 和夫・依田 照彦

共通・基礎科目分野

配本順				頁	本体
A-1	(第9回)	土木・環境系の力学	斉木　　　功著	208	2600円
A-2	(第10回)	土木・環境系の数学 ―数学の基礎から計算・情報への応用―	堀　　宗朗 市村　　強 共著	188	2400円
A-3	(第13回)	土木・環境系の国際人英語	井合　　進 R. Scott Steedman 共著	206	2600円
A-4		土木・環境系の技術者倫理	藤原　章正 木村　定雄 共著		

土木材料・構造工学分野

B-1	(第3回)	構　造　力　学	野村　卓史著	240	3000円
B-2	(第19回)	土　木　材　料　学	中村　聖三 奥松　俊博 共著	192	2400円
B-3	(第7回)	コンクリート構造学	宇治　公隆著	240	3000円
B-4	(第4回)	鋼　　構　　造　　学	舘石　和雄著	240	3000円
B-5		構　造　設　計　論	佐藤　尚次 香月　　智 共著		

地盤工学分野

C-1		応　用　地　質　学	谷　　和夫著		
C-2	(第6回)	地　　盤　　力　　学	中野　正樹著	192	2400円
C-3	(第2回)	地　　盤　　工　　学	髙橋　章浩著	222	2800円
C-4		環　境　地　盤　工　学	勝見　　武 乾　　　徹 共著		

配本順			頁	本体

水工・水理学分野

D-1 (第11回)	水理学	竹原幸生 著	204	2600円
D-2 (第5回)	水文学	風間 聡 著	176	2200円
D-3 (第18回)	河川工学	竹林洋史 著	200	2500円
D-4 (第14回)	沿岸域工学	川崎浩司 著	218	2800円

土木計画学・交通工学分野

E-1 (第17回)	土木計画学	奥村 誠 著	204	2600円
E-2 (第20回)	都市・地域計画学	谷下雅義 著	236	2700円
E-3 (第12回)	交通計画学	金子雄一郎 著	238	3000円
E-4	景観工学	川﨑雅史・久保田善明 共著		
E-5 (第16回)	空間情報学	須﨑純一・畑山満則 共著	236	3000円
E-6 (第1回)	プロジェクトマネジメント	大津宏康 著	186	2400円
E-7 (第15回)	公共事業評価のための経済学	石倉智樹・横松宗太 共著	238	2900円

環境システム分野

F-1	水環境工学	長岡 裕 著		
F-2 (第8回)	大気環境工学	川上智規 著	188	2400円
F-3	環境生態学	西村 修・山田一裕・中野和典 共著		
F-4	廃棄物管理学	島岡隆行・中山裕文 共著		
F-5	環境法政策学	織 朱實 著		

定価は本体価格+税です。
定価は変更されることがありますのでご了承下さい。

図書目録進呈◆

環境・都市システム系教科書シリーズ

(各巻A5判，欠番は品切です)

- ■編集委員長　澤　孝平
- ■幹　　　事　角田　忍
- ■編集委員　荻野　弘・奥村充司・川合　茂
　　　　　　嵯峨　晃・西澤辰男

配本順		著者	頁	本体
1. (16回)	シビルエンジニアリングの第一歩	澤 孝平・嵯峨 晃 川合 茂・角田 忍 荻野 弘・奥村充司 共著 西澤辰男	176	2300円
2. (1回)	コンクリート構造	角田　　忍 竹村　和夫 共著	186	2200円
3. (2回)	土質工学	赤木知之・吉村優治 上　俊二・小堀慈久 共著 伊東　孝	238	2800円
4. (3回)	構造力学Ⅰ	嵯峨 晃・武田八郎 原　隆・勇　秀憲 共著	244	3000円
5. (7回)	構造力学Ⅱ	嵯峨 晃・武田八郎 原　隆・勇　秀憲 共著	192	2300円
6. (4回)	河川工学	川合 茂・和田 清 神田佳一・鈴木正人 共著	208	2500円
7. (5回)	水理学	日下部重幸・檀　和秀 湯城豊勝 共著	200	2600円
8. (6回)	建設材料	中嶋清実・角田 忍 菅原 隆 共著	190	2300円
9. (8回)	海岸工学	平山秀夫・辻本剛三 島田富美男・本田尚正 共著	204	2500円
10. (9回)	施工管理学	友久　誠司 竹下　治之 共著	240	2900円
11. (21回)	改訂 測量学Ⅰ	堤　　隆 著	224	2800円
12. (22回)	改訂 測量学Ⅱ	岡林 巧・堤　隆 山田貴浩・田中龍児 共著	208	2600円
13. (11回)	景観デザイン —総合的な空間のデザインをめざして—	市坪 誠・小川総一郎 谷平 考・砂本文彦 共著 溝上裕二	222	2900円
15. (14回)	鋼構造学	原　隆・山口隆司 北原武嗣・和多田康男 共著	224	2800円
16. (15回)	都市計画	平田登基男・亀野辰三 宮腰和弘・武井幸久 共著 内田一平	204	2500円
17. (17回)	環境衛生工学	奥村　充司 大久保孝樹 共著	238	3000円
18. (18回)	交通システム工学	大橋健一・柳澤吉保 髙岸節夫・佐々木恵一 日野 智・折田仁典 共著 宮腰和弘・西澤辰男	224	2800円
19. (19回)	建設システム計画	大橋健一・荻野 弘 西澤辰男・柳澤吉保 鈴木正人・伊藤 雅 共著 野田宏治・石内鉄平	240	3000円
20. (20回)	防災工学	渕田邦彦・疋田 誠 檀　和秀・吉村優治 共著 塩филь計	240	3000円
21. (23回)	環境生態工学	宇野　宏司 渡部　守義 共著	230	2900円

定価は本体価格+税です。
定価は変更されることがありますのでご了承下さい。

図書目録進呈◆